# 緊急警告　次に来る噴火・大地震

琉球大学名誉教授
木村政昭



青春新書
PLAYBOOKS

緊急警告　次に来る噴火・大地震——目次

緊急チェック

## 「予測不可能」ではなかった御嶽山噴火と「3つ」の危険エリア


●「予測不可能」と言われた御嶽山の噴火は予測できていた 14
●実は序章に過ぎなかった……御嶽山の「本噴火」はこれから起こる!? 18
●御嶽山噴火は「大地震」の予兆なのか——危険が迫る「ある地域」 21
●西之島沖合の新島誕生が意味するもの 25
●3・11後も三原山の火口底が下がっていないという大問題 27
●日本列島はふたたび津波被害に襲われるのか 31
●御嶽山噴火が富士山噴火と無関係とは言えない理由 32
●国が発表する「富士山噴火シミュレーション」は誤っている? 35
●次に来る富士山噴火は「御嶽型」か? 「キラウエア型」か? 37
●もし、富士山が噴火したら——考えられうる被害予想 39
●なぜ、多くの科学者は火山噴火を予測できないのか? 41

●目に見えない火山内のマグマの動きを教えてくれるもの　44
●来るべき噴火を知らせてくれる「噴火の目」「地震の目」　46
●火山噴火と地震が連動するワケ　50
●東日本大地震もまた、火山噴火が予兆していた　53
●なぜ、震源から遠い火山が噴火してのち、地震となりやすいのか？　55
●火山活動の段階から、噴火や地震が予測できる　58
●いま注意すべき危険地域　61

1章
大地震の予兆は火山が教えてくれる

●火山が警告を発している　70
●噴火した火山から遠いところから地震がはじまる　74
●火山と地震の関係のメカニズムを解きあかす　77

## 2章 いま、世界は巨大地震の時代に突入した

●アイスランドやハワイの巨大噴火が予告するもの 82
●日本列島は、すでに超巨大地震の時代に突入している 85
九〇年代の大地震の流れ 85
九〇年代前半、東北日本をつぎつぎと襲う地震 87
「関西には地震が起こらない」という迷信の正体 89
日本列島断層内側にあるもう一本の活断層帯 91
台湾大地震の必然 94
西表島の群発地震が台湾大地震を予告していた 97
雲仙普賢岳、西表に現れたフィリピン海プレートの圧力 99
フィリピン海プレートに接する西日本は、今後しばらく危険状態? 100
二〇〇〇年代にはいっても、大地震のシリーズは止まらない 103

二〇〇〇年代には、世界的に超巨大地震が襲来　105

●地震の周期について　109

関東以西、一〇〇年に一度の大きな地震シリーズがやってくる　109

西日本は五〇年に一度大地震に見舞われる　111

関東に地震の多い理由　112

琉球の地震シリーズが、関東につながることもある　114

## 3章 注意すべき六つの火山活動

●東日本大震災のつぎに来る巨大災害は、富士山噴火？　120

●富士山……二〇二〇年までの噴火は避けられないのか　123

富士山噴火と巨大地震は関連する　123

富士山の噴火記録を検証していくと 124
富士山活動期は巨大地震発生によって区切られる 124
富士山の噴火が近いことを示す最新証拠 126
●蔵王山……御釜の白濁という異常事態から想定されるもの 130
●雲仙普賢岳……火山活動は終息しても、巻き起こす地震はまだある 131
●阿蘇山……活発化し始めた火山活動 133
●霧島連山……近年と異なる噴火の様相は何を物語る？ 134
●桜島……日向沖の地震には注意 136

## 4章 これから10年、警戒すべき六つの地震エリア

●東海地震・東南海地震……すぐに起きる可能性は低い 140
二〇〇九年の駿河湾地震で、東海地震のストレスは完全に抜けた 140

すぐに来ない東海地震に目を奪われることが、もっと危険 143
●三陸大地震……東北にマグニチュード8クラスの地震再来はあるか 145
●南関東の地震危機……三宅島・三原山の小噴火後が要注意 147
南関東を襲う巨大地震は近いか？ 147
首都圏直下型地震 149
●九州中部の地震危機……内陸にストレスがたまっている？ 151
●南西諸島（琉球）海溝北東域の地震危機……沖縄本島沖にも空白域 153
八重山のストレスは抜けたようにみえるが 153
まだ不気味さの残る西表島周辺域 157
●長野周辺の地震危機……長野県北部地震は、警告どおりに起きたが 159

## 5章 その他の要注意区域をオール・チェック

●北海道……千島列島での大地震による津波に注意　164
●東北……秋田沖には注意が必要　167
●関東……懸念されていた空白域の動向　170
●中部……富士山噴火の前触れの地震が起きている　172
●近畿……ストレスは解消されたが中規模地震には注意　174
●山陰・山陽……島根空白域のストレスは完全に抜けたのか？　176
●四国……内陸部に十分な警戒を　178
●九州……八代――川内の地震の目は消滅したが　181
●南西諸島……津波には警戒を　185

## エピローグ 新たな地震予知へ、我々が考えていくべきこと

予知を的確にするために 190
自己責任の時代、市民には知る権利がある 193
「東海地震」の持つ問題点 194
全国的なネットワークの構築を 196
周期説や地殻変動の地域的な進行論には限界がある 197
地震研究にも規制緩和を 199
「地震・火山活動資料サービスセンター」の必要性 200

DTP・図版／センターメディア

緊急チェック

「予測不可能」ではなかった御嶽山噴火と

「3つ」の危険エリア

## 「予測不可能」と言われた御嶽山の噴火は予測できていた

二〇一四年九月二七日、木曽御嶽山が噴火、山頂付近にいた多くの登山客らが犠牲となった。その犠牲者は一九九一年の雲仙普賢岳の犠牲者数を超えるほどの、大きな火山災害になってしまった。

御嶽山の噴火は、ほとんどの専門家の予想外であった。そもそも火山の噴火予測自体が地震予測よりもむずかしいとされ、御嶽山の噴火になると予測不可能とされてきた。

御嶽山は、過去にも日本の火山学会を振り回してきた火山である。

御嶽山は、有史以来噴火したことのない山であると、長く考えられつづけてきた。その御嶽山が、突如一九七九年に水蒸気爆発を起こした。

火山学会にとってこれは衝撃であり、それまでの「死火山」や「休火山」という分類が見直される契機にもなった。

一九七九年の御嶽山の水蒸気爆発以前は、有史以来一度も噴火したことのない火山を「死火山」とした。噴火の記録はあるが、目立った活動のない火山は「休火山」、現在も火山活動のある火山は「活火山」となる。御嶽山は「死火山」に分類されていたが、まったくの誤認であったのだ。

かつて日本の火山学会に衝撃を与えたその御嶽山が、二〇一四年にこれまた突如、噴火したのだから、その衝撃は大きかった。御嶽山は、大地震の予兆ではないか、あるいは、つづいてどこかの火山が大噴火するのではないかといった議論がマスコミではなされている。

ただ、それは根拠に乏しい議論であり、いたずらに不安を煽っている側面さえある。そもそも、御嶽山の噴火の真相さえ把握していないのだ。

私に言わせれば、御嶽山の噴火は予測できたことである。現に、二〇一一年に出版した著書『富士山大噴火！』（宝島社刊）では、「二〇一三年＋－四年に御嶽山で噴火が起こる」と予測しているのだ。御嶽山の噴火は、「予測不可能」でも何でもなかったのである。さらには御嶽山の噴火について、研究者もわかっていない実態を把握しているし、御嶽山噴火から起こりうることを突き詰めていくことも可能だ。

私が御嶽山の噴火を予測できたのは、簡単に言えば、17ページの図1と図2で示されているような微小地震の連続的な観察によってである。小さな地震を観測しつづけていくことによって、「地震の目」や「噴火の目」というものが見えてくる。「地震の目」「噴火の目」についてはあとで詳しく説明するが、このサインが現れた地域には大きな地震や噴火が起きる可能性があるということを示す、地震や火山噴火を予測するときの強力な材料になるものだ。

つまり、御嶽山周辺では、噴火以前に微小地震がつづいていて、「噴火の目」が現れているなど、御嶽山の噴火をしっかりと予兆していたのだ。

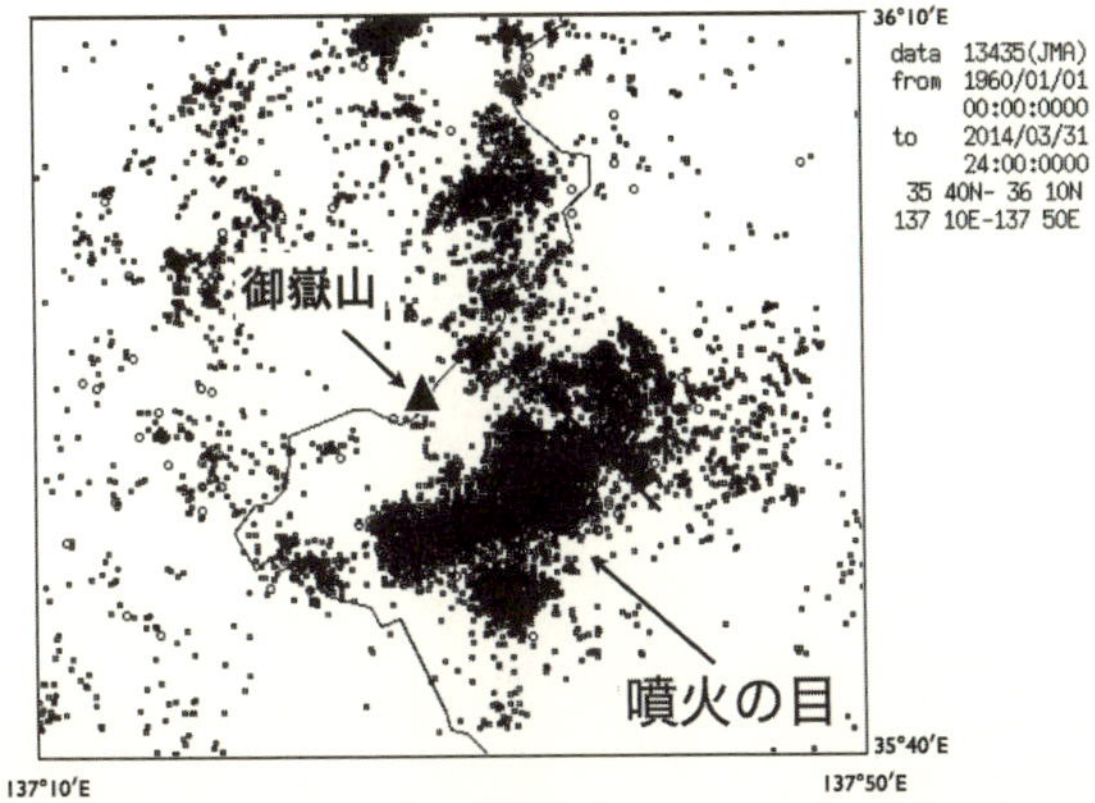


図１ 御嶽山の“噴火の目”（筆者解析）：1960-2014 年の通常地震活動（M0 以上、震度 100km まで、震源データは気象庁による）。

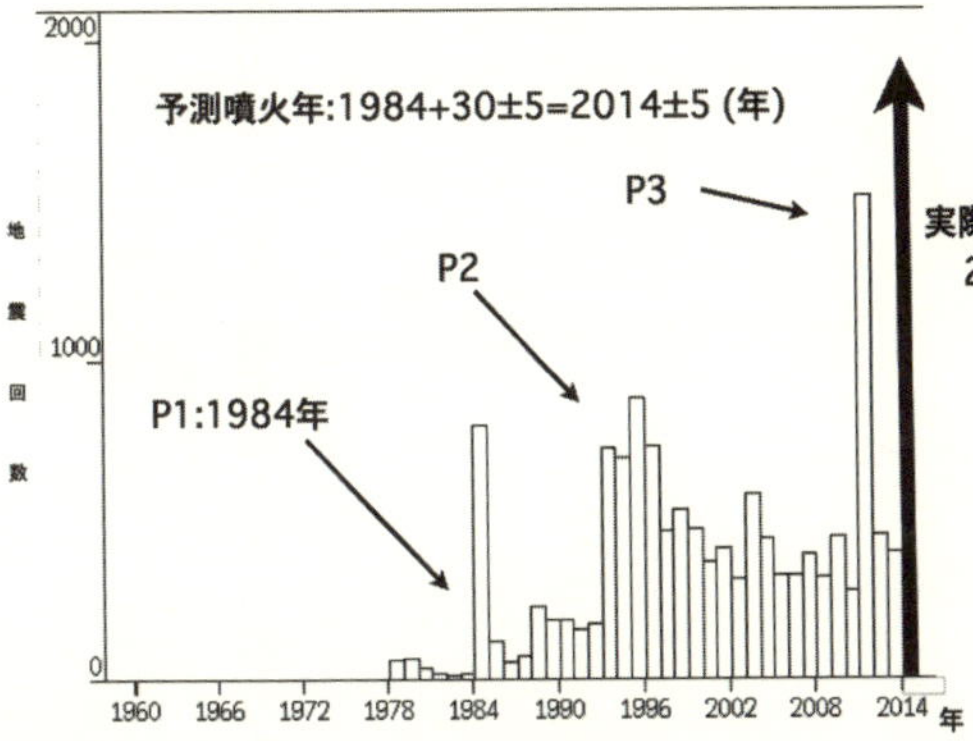


図２ 御嶽山“噴火の目”の通常地震回数（M0 以上、10km 以浅）。震源データは気象庁、解析は木村による。

## 実は序章に過ぎなかった……御嶽山の「本噴火」はこれから起こる⁉

御嶽山の噴火には、誤認もある。ほとんどの火山学者は、御嶽山の噴火はこれで終わったと見ている。あるいは、たまたま爆発が起きたという指摘をする人もいる。気象庁の関係者と御嶽山の噴火について話し合う機会もあったが、彼らもまたすでに終息に向かっていると判断しているのだ。私があるテレビの番組にゲストで登場したときも、国の役人は「これで終わりだ」と明快に語っていた。こうした予測は、間違いであると私は考える。御嶽山の噴火は、これから本格化する可能性があるのだ。

私の観察では、多くの犠牲者を出した二〇一四年九月の噴火は、序章にすぎない。まだ、噴火と言えるようなものではなかったと考えられるのだ。

あの噴火は、たんなる水蒸気爆発にすぎない。水蒸気が爆発したことで、熱された岩が砕け飛び、観光客を直撃したのである。御嶽山は水蒸気爆発を起こしただけであって、まだマグマを外に噴出させているわけではないのだ。

なぜ、御嶽山で水蒸気爆発が起きたかというと、御嶽山の下方からマグマが上昇してきているからだ。

マグマはまだ御嶽山から流出するほど上昇してはいないが、マグマによって山内に閉じ込められていた水は沸騰し、ガスへと姿を変える。水は気化すると体積が膨張するため、それがついには水蒸気爆発に結びついたのだ。しかし、これでマグマの上昇が止まるわけがない。上昇の原因が取り除かれたわけではないのだから、マグマの上昇はつづき、やがて山から溢れ出ることになると予測できるのだ。

現実に、犠牲者を出したガス噴出ののち、御嶽山の活動が終息に向かうと思われているころ、御嶽山の斜面からも煙が噴き出している。九月の水蒸気爆発の際、岩を吹き飛ばしたのも、斜面からのガス噴出と思われるのだ。

この状況で思い出すのは、一九八六年の伊豆大島三原山での噴火だ。

大島三原山の噴火についてはあとでもう一度詳しく説明するが、このときは噴火口の底を肉眼で見ることができた。三原山の山体下のマグマはしだいに上昇、ついには山から外に流出することになった。

ただ、この過程でマグマの上昇はいったん火口の途中で止まっているのだ。このマグマの上昇停滞期間に、ヘリコプターで上空から三原山を観察すると、斜面から列をなしたように煙が出ている。その後、数日して、煙の出ていた斜面が破れ、そこからマグマが流出をはじめたのだ。幸い、すでに住民の避難はすんでいたので、人的被害は免れたが、御嶽山の噴火がこれと同じパターンをたどる可能性は捨てきれない。

御嶽山の斜面から煙の出ている状態は、三原山のマグマ流出まえの状況とよく似ている。マグマは御嶽山の噴火口のすく近くでとどまっていて、今度は斜面を突き破って、外に流出していくと予測できるのだ。

## 御嶽山噴火は「大地震」の予兆なのか
### ――危険が迫る「ある地域」

詳しくは後述するが、火山噴火と地震は「連動」している。地震が、地球のプレートが圧をかけることで生じる現象というのは言わずもがなだろうが、実は火山もプレートからの圧によって起こるのだ。

簡単に言えば、火山内部のマグマ溜まりが、プレートからのプレッシャーによって圧迫されることで押しつぶされ、スポイトからピュッと水が出るようにマグマなどが吹き出る現象が、噴火である。そして、火山が噴火するということは、それだけプレートからの圧が強いことであり、とすれば、プレートのプレッシャーに耐えきれなくなって起きる地震も生じる可能性は高いというわけだ。

両者が連動するなら、御嶽山の噴火によって、何か別の地震が誘発される可能性を考えるべきだろう。御嶽山が噴火したということは、海洋プレートが日本列島を押し込んでいるということだから、いずれどこかのプレート境界が割れて、地震ということになるのだ。

大きな地震が起きてストレスを解放しない限り、そのエリアへの圧は溜まり続けるのである。

ここでプレート境界としてよく挙がるのが、南海トラフと相模トラフだ。南海トラフは高知沖から伊豆半島にかけての境界であり、これに直交するように、伊豆半島から日本海溝へとはしる相模トラフがある。相模トラフが割れると首都直撃に近い地震となるし、南海トラフが割れるなら、マグニチュード8級の巨大地震となる。マスコミでは、これらの地震への恐怖を煽っているようだが、いまのところ相模トラフ、南海トラフが割れるとは思えない。

というのも、相模トラフ、南海トラフはいずれも一九〇〇年代に動いていて、エネルギーを放出してしまっているからだ。いまのところ、新たにひずみが溜まっている様子はなく、二つのトラフには地震を起こす力はないと考えられるのだ。

相模トラフ、南海トラフにはいまのところ危険は少ないが、じつはその南方に危険と思われるゾーンがある。それが、「伊豆・小笠原海溝」である。

伊豆・小笠原海溝は日本海溝から先、南へと伸びているが、ここに非常に大きなストレスがかかっているのだ。そうなると、御嶽山の噴火は、伊豆・小笠原海溝での巨大地震の予兆と見なすこともできるのだ。

たしかに、御嶽山と伊豆・小笠原海溝は直接には結びつかない。伊豆・小笠原海溝は太平洋プレートとフィリピン海プレートの境にあり、御嶽山はユーラシアプレート上にある（プレート位置は63ページ図6参照）。

それぞれの関係するプレートが違うため、御嶽山と伊豆・小笠原海溝にかかるストレスとは無関係にも見える。

だが、伊豆・小笠原海溝にかかっている圧力が、ユーラシアプレートにまで影響を及ぼし、御嶽山のマグマ溜まりを圧迫していたとも考えられるのだ。

伊豆・小笠原海溝には、はっきりした「地震の目」ができている。地域柄、データがそろいにくい場所であるため、断定はできないのだが、二〇一八年＋－五年で、マグニチュード8・5の巨大地震がこの地域で起きると考えられる。その場合、予想される震央は、鳥島と小笠原諸島の中間である。

この地震を、私は「伊豆諸島沖地震」とし、警戒を呼びかけている。いまのところマグニチュード8・5としているが、場合によっては、東日本大震災と同じマグニチュード9

のスーパー巨大地震となってもおかしくない。

伊豆・小笠原海溝沿いは、長く巨大な空白域となっている。戦後にここで起きたプレート境界地震といえば、一九七二年に二度起きているだけだ。以後、このエリアでは地震がなく、空白域となっているのだ。

その一方、伊豆・小笠原海溝周辺域は、マグニチュード7クラスの地震の頻発するエリアでもある。小笠原諸島西方沖では二〇世紀後半だけでマグニチュード7クラスの地震が五回、鳥島周辺でもマグニチュード7レベルの地震を四回起こしている。そんな地震頻発地帯の中に地震の空白域ができているのだ。

## 西之島沖合の新島誕生が意味するもの

二〇一三年一一月、西之島の沖合で海底火山の噴火が確認され、多くの溶岩が噴き出した。その溶岩によって新島が誕生したばかりか、新島は成長し、ついには西之島と合体してしまった。

伊豆・小笠原海溝にいかにストレスが溜まっているかは、西之島沖合に生まれた新島からも推測がつく。西之島は、伊豆・小笠原海溝の「地震の目」から南西四〇〇キロの距離にある。西之島の面積は、噴火前に比べて八倍にもなっており、政府関係者からは、溶岩によって日本の領土が拡大したと喜ぶ声も聞こえてくる。たしかにそういう見方もあるだろうが、喜んでばかりもいられない。西之島での噴火が、鳥島沖での大地震の予兆とも考えられるからだ。

西之島沖合の噴火は二〇一三年が初めてではなく、一九七三年にも突如、噴火している。西之島にはそれまで噴火の記録がなく、一九七三年の噴火は火山の専門家を驚かせた。

以後、私も西之島に注目するようになった。詳しくは後述するが、火山活動には「P1」～「P3」までの三つの段階があるとされ、「P3」の段階に入ると、その後に巨大地震が発生する危険性が高まる。一九七三年の西之島沖合の噴火を「P2」という主噴火と考えるなら、二〇一三年からの噴火は「P3」となるが、このあたりはまだ検証が必要だ。

ともあれ、西之島沖合の噴火は、太平洋プレートとフィリピン海プレートの間にある伊豆・小笠原海溝がいかに強い圧力を受けているかを示している。そうであれば、その圧力は何年もつづいているので、巨大地震を発生させてもおかしくはない。

振り返れば、東日本大地震は、伊豆・小笠原海溝の北方に続く日本海溝の割れた地震であった。太平洋プレートがユーラシアプレートを押す境界に日本海溝があり、ここに何百年もストレスがかかりつづけた。その結果が、二〇一一年のマグニチュード9だったのだ。日本海溝で起きた東日本大地震を考えるなら、伊豆・小笠原海溝での地震もまた、巨大なものと考えておくに越したことはない。

## 3・11後も三原山の火口底が下がっていないという大問題

伊豆・小笠原海溝での巨大地震を予測できるもう一つ大きな根拠は、大島三原山にある。大島三原山のマグマの位置、つまり火口底が依然として高く、下がる傾向にないのだ（29ページ図3参照）。

大島三原山の火口底の高度（マグマの頭の高さ）は、関東はもとより東日本の地震を読むときに重要である。三原山の火口底が海抜四〇〇メートル以下に下がっている時期には噴火や大地震の心配はないが、火口底が海抜四〇〇メートルを越えると、大噴火の時期が来るとともに、大地震も発生する。

一九〇〇年代の推移を見るなら、一九〇〇年代初頭、火口底の高度は四〇〇メートルより下にあったが、一転、一九一〇年ころには海抜四〇〇メートルよりも上昇している。その後、一九一二年から一九一四年にかけて噴火、この時期の火口底の高度は海抜五〇〇～六〇〇メートル強に達している。プレート境界から、三原山のマグマ溜まりが強い圧力を受けつづけていた証拠であり、まもなくプレート境界が割れ、一九二三年にはマグニチュード7・9の関東大地震が発生する。

関東大地震ののち、三原山のマグマ溜まりへの圧力は下がり、マグマの頭位を示す火口底の高度は下がる。一九三〇年代には海抜四〇〇メートル以下になっているのだが、一九四〇年代にはふたたび上昇していく。一九五〇年から一九五一年には大噴火となり、火口底の高度は海抜六〇〇メートルを越えていた。そんななか、一九五三年にマグニチュード7・4の房総沖地震が発生、以後、火口底の高度は下がった。

一九六〇年代になると、火口底は海抜四〇〇メートル以下にあったが、一九七〇年代にまたも海抜四〇〇メートルを越えた。そして、一九八六年の大噴火となったのだ。

一九八六年の噴火ののちも、火口底の高度は海抜六〇〇メートル前後にあったが、二〇〇〇年に起きたマグニチュード6・5の三宅島近海地震ののち下がってきた。それでも、火口底は海抜四〇〇メートル以下に下がることなく、海抜四〇〇メートルほどで止まったままである。二〇一一年の東日本大地震によって、ようやく火口底の高度が下がるかと思ったら、いまだ下がりきっていないままだ。現在でも、三原山の火口縁からのぞくと、上昇したマグマが固結したまま見えるのだ。それが現在の火口底である。

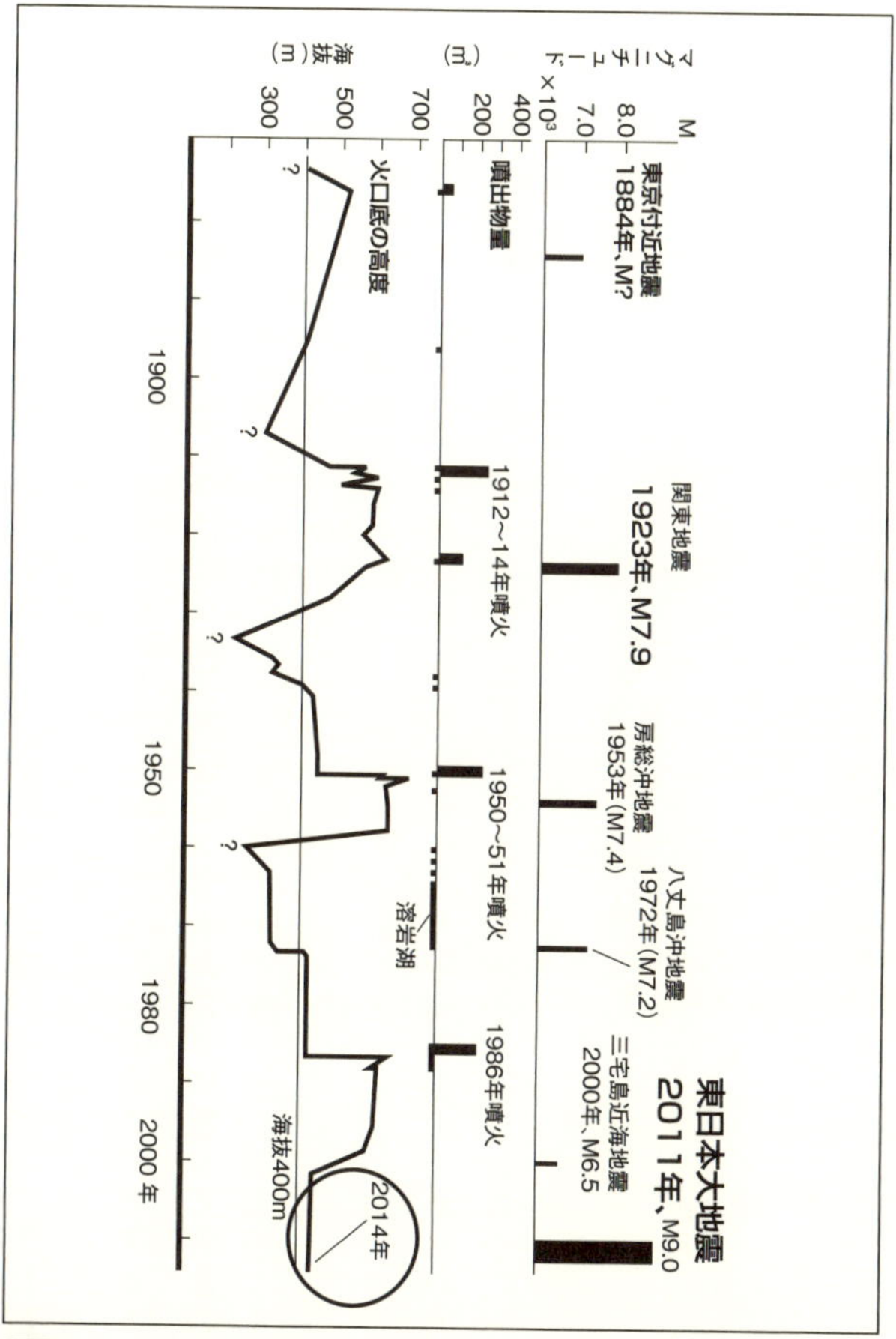


**図3** 伊豆大島三原山の噴火と大地震との関係—火口底の高度（マグマ頭位）が海抜400mになると大噴火となる。2014年現在、三原山の火口底は下がりきっていないので噴火あるいは大地震がおこる？？

巨大だった東日本大地震によってでも、三原山のマグマ溜まりへの圧力は抜けていないわけで、太平洋プレート上にある三原山のマグマ溜まりには圧力がかかりつづけている。三原山のマグマ溜まりにかかる圧力を下げるには、その近くのプレート境界で大きな地震が起こり、圧力をとるしかない。それが、伊豆・小笠原海溝で予想される大地震と考えられるのだ。ここでのストレスが抜けると、三原山のマグマ頭位が下がって、火口底の高度は下がると考えられる。

さらに、伊豆・小笠原海溝で巨大な地震が起きたなら、日本列島の内陸まで押していた力が消えてしまい、御嶽山のマグマ溜まりからも圧力が去っていく。そのため、伊豆・小笠原海溝で巨大地震が起きれば、御嶽山の噴火活動はやむと考えられるのだ。

## 日本列島はふたたび津波被害に襲われるのか

この伊豆諸島沖地震では、マグニチュード8・5ほどの揺れが予測される。東日本大地震のときよりは小さいが、超巨大地震であることに違いはない。首都圏に関しては、震央と予想される地域が東日本大地震の震央よりも遠いため、揺れは二〇一一年の地震よりも少ないだろう。しかし、津波となると、太平洋側は危険にさらされる。

実は、伊豆諸島沖地震は、一六〇五年の慶長地震と同じタイプではないかとも考えられる。慶長地震は、これまで長く南海トラフの割れた地震と解釈されてきたが、二〇一三年の日本地震学会では、「慶長地震は南海トラフ沿いの地震ではなく、伊豆・小笠原海溝沿いの巨大地震」であったという仮説が提示されている。

慶長地震では、房総半島に五～七メートルの高さの津波が押し寄せ、高知県室戸市あたりには六～一〇メートルの高さの津波が襲ったと推定されている。予測される伊豆・小笠原海溝での地震が、慶長地震と同じレベルの大きさなら、油断できないと考えられるのだ。

## 御嶽山噴火が富士山噴火と無関係とは言えない理由

御嶽山の噴火と関連すると予測されるのは、伊豆・小笠原海溝での巨大地震だけではない。御嶽山の噴火は、富士山の噴火と無関係であるとは言い切れないのだ。

一般に御嶽山は、乗鞍火山帯に属しているとされる。富士火山帯上にある富士山とは別系統の火山と見られがちだが、その一方、御嶽山を富士火山帯の一部と見なすこともできる。伊豆大島、伊豆半島から富士山へと南北に伸びる富士火山帯が、東西をはしる乗鞍火山帯にぶつかったところに、御嶽山があるからだ。伊豆大島の三原山の火口底がいまだ高い状態にある中で、御嶽山が噴火したとなると、富士山が噴火してもおかしくないのだ。

というよりも、御嶽山噴火以前から、私は富士山の噴火を予測してきた。私のもともとの試算では、二〇一一年＋－三年である。ここには誤差もあり、二〇二〇年までには富士山の噴火があると考えられるのだ。

富士山には、すでに「噴火の目」ができている。富士山で起きつづけているのは、火山性微動だけではない。〝低周波地震〟が起きていて、山体下のマグマが動きつづけているのだ。

また、ここ二〇年の大地震も、富士山噴火を誘発すると考えていい。一九九五年の阪神・淡路大地震、二〇〇四年の紀伊半島沖地震、二〇一一年の東日本大地震は、富士山の山体下のマグマ溜まりを押し縮める方向に働いたと考えられる。富士山下のマグマ溜まりは、大地震のたびに上昇をつづけていると見られるのだ。

二一世紀を迎えるまで、長く日本の学者は富士山噴火を「ない」としてきた。それが二一世紀になって、ようやく変わりつつある。二〇〇二年には内閣府主導のもと、「富士山ハザードマップ」が作成されている。富士山が噴火したら、どのような被害がどこまでの領域に及ぶかを想定したものだ。富士山周辺の自治体でも、防災危機管理室をはじめ担当部署を置き、富士山噴火に備えつつある。

だが、それは「あくまで一つの想定」としてのものであり、富士山噴火が間近に迫っていることへの切迫感からのものではなかったようだ。当時の学者はまだ富士山噴火をぼんやりと想定したにすぎなかったが、低周波地震計での測定結果や火山性微動の確認は、それまでの富士山に対する見方を変えている。火山研究者たちも、富士山噴火の可能性をはっきりした形で認めはじめているのだ。

たしかに、富士山の噴火の見極めはむずかしくはある。大島三原山の場合なら、上空からマグマ頭位を観察できる。マグマの動きを追うなら、噴火の予測もつきやすいが、富士山の場合、山頂の火口、山腹の側火口などがすべて塞がっているため、マグマの動きを視認できない。さらに噴火の周期が長く、過去のデータの蓄積に乏しい。それでも、低周波地震や火山性微動、さらには地震と噴火の関係から、富士山噴火にアプローチしていくことができるのだ。

富士山噴火はすぐそこに迫っていて、山体下のマグマは活動をつづけている。「噴火の目」の立ち上がり時期からすれば、いつ噴火してもおかしくなく、マグマを押し出す最後のひと押しがあれば噴火となるだろう。そのひと押しが、プレート境界型地震ではないかと考えている。二〇一一年の東日本大地震のころは、そのプレート境界型地震は東日本大地震ではないかとも推測したが、それだけでもないようだ。伊豆・小笠原海溝でのプレート境界型地震が、富士山噴火を誘発する可能性は捨てきれない。

## 国が発表する「富士山噴火シミュレーション」は誤っている？

国も備えつつある富士山の近い将来の噴火だが、噴火の位置に関していうと、国と私の説は完全に異なる。国や多くの学者が考えている噴火ポイントは、富士山頂から南東の宝永山火口と推定しているのだ。

宝永山は、一七〇七年の富士山噴火のときの火口だ。この宝永噴火による火山灰の噴出量はすさまじく、火山灰で周囲を覆ったばかりか、火山灰は江戸の街にまで降った。この宝永噴火を最後に富士山は噴火していないのだが、直近に迫る噴火でも、国や多くの科学者は宝永山火口での噴火の再来を推定し、これに備えて避難方法も検討しているのだ。

たしかにそれはそれで大事なのだが、私は来る《きた》富士山噴火にあって、宝永火口の噴火はないと考えている。それよりも、富士山の北東側が噴火する可能性のほうが高いと推測している。

富士山噴火の歴史を調べていくと、南側斜面で噴火したあとは、何百年かの休止ののち、今度は北側斜面で噴火するというパターンが見られるのだ。北側斜面が噴火したのちは、また何百年の期間を置いて、南側斜面の噴火となる。

実際、江戸時代の宝永噴火よりもまえに起きた富士山噴火となると、平安時代の貞観噴火である。貞観噴火は富士山の北西で生じ、大量の溶岩を流出させている。これにより現在の青木ヶ原と精進湖、西湖が形成されている。その北西側の貞観噴火ののち、江戸時代の宝永噴火では南東側が噴火しているのだ。よりさかのぼって、地質時代まで含めると、富士山噴火の火口は北西側→南東側→北東側→南西側のサイクルとなっている。となると、平成の噴火では、北側、それも北東側の噴火が考えられるのだ。

近年、富士山で観測された異常現象もまた北東側に多い。二〇〇三年には富士山の東北東斜面で四ヶ所の陥没が確認され、その陥没の一つから噴気もあった。また、富士山の北側にある富士五湖では、データの完全に揃わない本栖湖を除く四湖で二〇〇五年以降、水位の下降が記録されている。これらは、富士山の北側で異常が起きつつあることを示すものであり、富士山の北東での噴火の予兆とも考えられるのだ。

## 次に来る富士山噴火は「御嶽型」か？　「キラウエア型」か？

間近に迫る富士山噴火の噴火位置が、私の推測どおり北東側だとしたとき、いったいどんな噴火になるか。多くの人は宝永噴火のような火山灰をまき散らす噴火をイメージしがちだが、私の推測では異なる。富士山北東側の噴火では、二〇一四年のキラウエア山の噴火と同じく、溶岩流型になると考えられる。

そう考える根拠は、過去の噴火例と周辺での「地震の目」の位置にある。江戸時代に起きた南側の宝永噴火ではたしかに火山灰を噴き出す噴火だったが、そのまえの北西側の貞観噴火では溶岩が流れ出ている。富士山の噴火は、前述した通り、溶岩流出が主のタイプの噴火と火山灰噴出が主のタイプの噴火を交互に行ってきた。そのため今回予測される北東側の噴火も、この溶岩流出型と考えられるのだ。たしかに火山灰も噴出するだろうが、かつての宝永噴火のような大規模な火山灰のまき散らしとはならないと思われる。主体は、マグマの流出と推定されるのだ。

火山灰型の噴火となるか、溶岩流出型の噴火になるかは、マグマ溜まりの状態による。マグマがマグマ溜まりを満たさないうちに噴火したときは、火山灰型の噴火になりやすい。マグマの滞留が少ないから、マグマから出てきた水分やガスが一気に発泡、ガスとなって噴き出してくる。そのガス爆発が、山体を破壊し、空中で火山灰となるのだ。宝永噴火の場合、その直前の宝永地震によって、プレートが動き、マグマ溜まりへの圧力が減退した。そこに噴火が起きたから、マグマの滞留はなく、火山灰型噴火となったのだ。

一方、マグマがマグマ溜まりに長く滞留しているときは、マグマ内の水分がしだいに発泡していく。噴火時に、ガスはさほど発生せず、溶岩を流出することになるのだ。

もし次の富士山噴火が火山灰型になるとすれば、駿河トラフや相模トラフ、あるいは房総半島周辺で地震が発生したときだ。地震によって、陸側のプレートにたまったストレスが一気に解消されるなら、マグマ溜まりに滞留はなくなり、火山灰型の爆発となる。

ただ、現時点で駿河トラフ、相模トラフ、房総半島周辺には「地震の目」はない。そうなると、地震によるマグマ溜まりへのストレスの解放はなく、火山灰型の噴火とはならないと予測されるのだ。

## もし、富士山が噴火したら――考えられうる被害予想

富士山の北東側で噴火し、溶岩を流出させたとき、被害はどうなるか。被害計算は私の領域外なので断定はできないが、おそらく大量の火山灰をまきちらしたときのような大被害にはならないですむと見ている。

たしかに富士山の北東側には富士吉田市や河口湖、山中湖一帯のリゾート地帯がある。ここまで溶岩が流れてくると被害は甚大だが、溶岩がまず流出するのは、北東山腹にある自衛隊の広大な北富士演習場である。ここには民家はないから、人的被害は最小限に抑えられると考えられる。しかも自衛隊は災害時のエキスパートでもある。溶岩流は、自衛隊の演習場で食い止められる可能性があろうと思われるのだ。

また、噴火で恐ろしいのは火砕流だ。一九九一年の雲仙普賢岳の噴火では、火砕流が発生、四三人もの死者を出した。火砕流の時速は一〇〇キロにもなり、溶岩流よりもずっと速い。火砕流が生じやすいのは、安山岩質やデイサイト質の火山だ。日本には安山岩質の

火山が多く、火砕流を生じやすいが、富士山は玄武岩質の火山である。その点で、火砕流の危険は低くなっているが、何が起きるかは実際にはわからない。火砕流に備える対策も必要になってくるだろう。

一方、国は南側の宝永火口の噴火を想定している。それは、おそらくは最悪の事態に備えてのことだ。江戸時代、宝永火口で噴火から噴き出された火山灰は、大きな被害をもたらした。これを最大の危険と見なし、南側での火山灰をまきちらす噴火に備えているのだ。

それはそれで大事だが、ほかにも噴火の可能性のあるポイントがあるとしたら、それに備えておくことも重要であろう。

## なぜ、多くの科学者は火山噴火を予測できないのか？

さて、御嶽山の噴火に関するニュースでよく耳にする言葉に「予測不可能だった」というものがある。しかし、私からすれば、多くの火山学者には、予測しようという姿勢がそもそもないのではないかと思えるのだ。先輩の火山学者たちは、火山噴火の予知は地震予知よりもむずかしいと考えている。地震予知がまったくできていない現状を踏まえるなら、それよりも困難な火山噴火を予知できるはずもない。多くの科学者は、「観測する」ことを基本とし、それ以上の背伸びをはなから自制しているように見える。

そんななか、私が火山噴火の予知が可能だと思うようになったのは、実際に噴火を現場で体験したことがあるからだ。それは、一九八六年の伊豆大島三原山の噴火である。私はそれ以前から、早稲田大学探検部と協同で大島三原山を観察してきた。三原山を観測対象として選んだのは、標高七五八メートルと低く、そのうえ、火口丘から火口底の観測が可能だったからだ。自分の目でマグマを実際に見ることができるなら、火山噴火の仕組みをより明らかにしていけると考えたのである。

ある日、学生たちが「先生、火が見えました」と報告してきた。実際、中央火口丘（内輪山）内の火口の底の裂け目を見ると、赤い火がたぎっている。これで、内輪山内のマグマが上昇してきたことがわかったのだ。

その後、三原山のマグマの上昇を観察していくと、1時間に数センチの割合で上昇していることがわかってきた。

この観察から、三原山からマグマが溢れ、噴火がすぐそこにあると予測したのである。この予測を私はただちに東京都庁に連絡、大噴火になるから大島住民全員を避難させるよう提言した。予測通り、三原山は大噴火となったが、全島民が無事に避難、一人の犠牲者も出すこともなかった。

それまで、火山噴火の予測は不可能とされてきたが、私はマグマの観察によって噴火の予測が可能になったとみた。三原山での観測を基本にして、火山の噴火の仕組みを考えることができるようになったからだ。

先にも少し述べたが、火山の噴火とは、スポイトの原理で説明がつくものだ。マグマは、ふだんは火山の山体下のマグマ溜まりにある。日本列島の場合なら、ほとんどがユーラシアプレートの上にある。ユーラシアプレートは海側のプレートから圧力を受けていて、その圧力が強くなると、火山下のマグマ溜まりは圧迫される。マグマ溜まりが圧迫されたとき、マグマはスポイトで押し出されるように火山内部を上昇していくしかない。マグマ溜まりがより強い圧力を受けたときに、噴火となるのだ。つまり、プレートの移動こそが噴火の原因であったのだ。

また、マグマが1年間に何メートル上昇するかを把握さえできれば、いつマグマが山から溢れるか計算ができる。そこから、火山噴火の具体的な日時をある程度予測もできるようになったのである。

繰り返しになるが、三原山のケースを振り返るなら、大噴火のまえに強い水蒸気の噴出があった。これは二〇一四年九月の御嶽山の水蒸気爆発と同じであり、このことを考えるなら、御嶽山の噴火はこれからなのである。

## 目に見えない火山内のマグマの動きを教えてくれるもの

マグマの上昇から火山噴火を予知できるのはたしかだが、現実にはどの火山の噴火口からもマグマが見えるわけではない。三原山や、二〇一四年現在、ハワイで猛威を振るっているキラウエア山など、地表からマグマの見える火山は、むしろ特別といっていい。ほとんどの火山では、上空から見ても、火口は塞がれていて、マグマを観測はできない。

だからといって、マグマの上昇を予測できないわけではない。地震、それも低周波地震の観測によって、マグマの上昇、噴火を予測できるのだ。

地下に異変があるとき、それは地震となって現れ、ストレスを取り除こうとするのだが、その地震には高周波地震と低周波地震がある。高周波地震と低周波地震とでは、地下の動きに違いがある。地下で岩盤など硬いものが割れるときに起きるのが、高周波地震だ。

一方、地下に液体状の何かがあるときは、低周波地震となる。低周波地震とは一秒間に数回ペースで揺れる長くゆったりした地震である。

ふつうの地震では、初期微動のP波ののち、大きな揺れであるS波がやってくる。だが、地下に大量の液体状の何かがあった場合、S波はこれに吸収されて伝わりにくい。そのためP波のゆったりした揺れだけとなるのが、低周波地震である。

低周波地震を起こす地下の液体状の何かというと、まずはマグマが考えられる。火山周辺で低周波地震が頻発するなら、マグマが絶えず動いている証拠である。それは火山下のマグマ溜まりが海洋プレートの圧力を受けている証拠であり、マグマ溜まりからマグマが押し出されているということだ。マグマが上昇してくるなら、次に考えられるのは、当然、噴火となる。

御嶽山の噴火の場合、あとでニュースを調べていくと、噴火直前に御嶽山周辺で低周波地震が捉えられ、火山性微動も観測されていたのだ。

## 来るべき噴火を知らせてくれる「噴火の目」「地震の目」

火山の噴火は低周波地震の頻発からも読めるが、そこから一歩進んで、「噴火の目」からも予測できる。「噴火の目」は私が開発した手法だが、「噴火の目」からなら、その火山がいつ噴火するかも予測できる。御嶽山の噴火についても、「噴火の目」から二〇一三年＋－四年と予測できたのだ。

「噴火の目」とは、「地震の目」の応用なのだが、ここではまず「地震の目」について説明したい。

「地震の目」とは第二種空白域の一種である。ここで、地震学でよく使われる「空白域」について説明すると、ある程度の時間をおいて、通常の地震活動が起こっていない地域をいう。一度大きな地震が起きてしまえばストレスは解放されるのだが、しばらく地震が起きていないということは、その地域には新たなストレス（エネルギー）がたまっていて、地震の起きる可能性が高いのだ。

その空白域は、第一種空白域と第二種空白域に分類される。第一種空白域は、過去に大きな地震のあった地域と地域の狭間にある、地震の起こっていない地域であり、そこだけが、ぽっかりと空白になっている。多くの地震学者の指摘するところでは、第一種空白域こそが、地質学的にもひずみのたまりやすい場所なのだという。次の地震がいつ起きてもおかしくないエリアだ。

一方、第二種空白域というと、地震の「ドーナツ現象」が起きているゾーンだ。地図上に地震をプロットしていくと、地震の起きている場所がドーナツのように浮かび上がる。そのドーナツの輪の中が、第二種空白域なのである。

第二種空白域の場合、その周辺のドーナツの輪の部分では、細かな地震が続発している。にもかかわらず、ドーナツの輪の中だけは、人体にその揺れを感じさせない小さな無感地震までも含めても、地震が少なくなっているのだ。じつは、この第二種空白域にこそ、大地震の危険が潜んでいると私は考えている。

大地震の起きる少しまえになると、その第二種空白域はあまりにストレスをためこんでしまい、かえって日常の地震活動がなくなる。その反動として、周辺に小さな地震が続発するとも考えられるのだ。

二〇一一年の東日本大地震についても、ドーナツ現象が起きていた。その震源には一九七〇年代の終わりごろから、ドーナツの輪ができていて、そこから、私は東日本大地震の発生を二〇〇五年＋－五年とし、その規模をマグニチュード8としたのだ（二〇〇七年の第二一回太平洋学術会議にて発表）。実際の発生は＋五年と数ヵ月であり、そこは誤差と言ってもいい範囲だ。

なぜ、「地震の目」から巨大地震が読めるかというと、巨大な破壊は段階を踏んで生じるからだ。

プレート境界や断層に巨大な圧力がかかっているとき、圧力は全体にかかってくるが、すぐに全体が割れてしまうわけではない。まずは弱い部分が圧力に負けて、そこだけが割れて、亀裂がはいる。このときに起きるのが、微小地震である。

圧力を受けつづけているうちに、あちこちの弱い部分が割れて、微小地震が繰り返される。こうして亀裂が多くなっていくと、全体がもちこたえられず、小さな亀裂同士が一つにつながり、ついには大きな亀裂となって、割れる。これが、巨大地震となるのだ。つまり微小地震は大地震の前兆であり、微小地震を地図上に〝輪状〟にプロットしていくと、「地震の目」が見えてくることになるのだ。

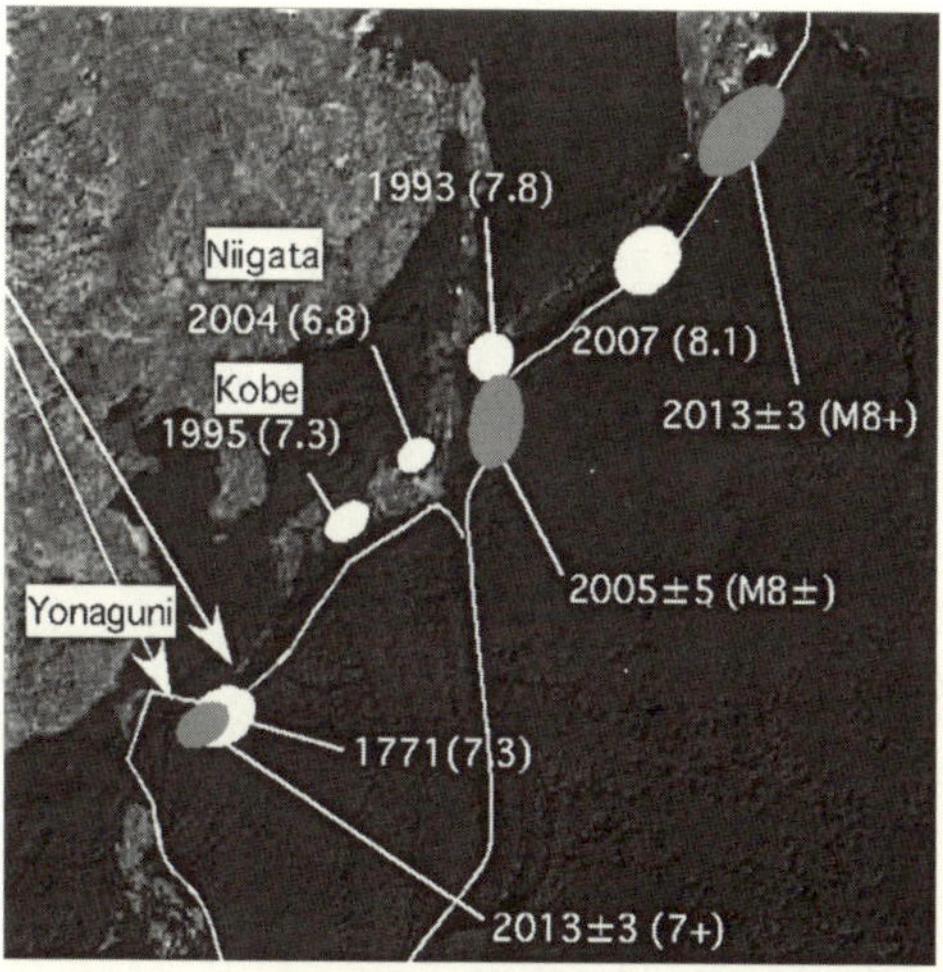


図4　第21回「太平洋学術会議」発表資料（M. Kimura ほか, 2007）

「地震の目」は、火山噴火の場合は、そのまま「噴火の目」として見ることができる。火山周辺に小さな地震が続発しているならば、そこに「噴火の目」ができているのだ。御嶽山にも、「噴火の目」はあったのだ。

「噴火の目」「地震の目」についてだが、これができてからすぐに地震や噴火があるわけではない。「噴火の目」「地震の目」が立ち上がってから、大まかにいって三〇年＋－五年先が、噴火、地震の発生と予測できるのだ。

## 火山噴火と地震が連動するワケ

「地震の目」「噴火の目」は、地震、火山噴火それぞれを予測していく一つの手法でありミクロ的な手法ともいえる。ただ、ほかにも地震と火山噴火予測のアプローチがある。

それは、地震と火山噴火を関連づけて予測していくというものだ。これは、マクロ的な手法といえるものだ。もともと私は、この手法から地震と火山噴火を予測してきた。いまでこそ「地震の目」「噴火の目」というミクロ的な手法から、地震と火山噴火を個別に予測しているが、地震と火山噴火の連動に着目することも重要である。

地震を引き起こすのは、プレートの移動運動だ。プレートの移動は地球規模の動きであり、断層にストレスを与え、断層がそのストレスに耐えきれなくなったとき、地震となる。ここまではすでに地震学者の中でも「通説」となっているが、問題はその先だ。多くの学者は、地震と火山噴火を別物と考えている。火山噴火について、下からマグマが上がってくる現象としか捉えていないのだ。

前述したように、これに対して、火山の噴火もまた、地震と同じくプレートの移動運動によると私は考える。プレート移動が火山下のマグマ溜まりを圧迫することによって、マグマ溜まりにあったマグマが火山の中を上昇し、ついには火山口から溢れ、火山噴火となるのだ。

日本列島の場合でいえば、海洋プレートがつねに陸地側を押し込もうとしている。この力によって、陸地側のマグマ溜まりが圧迫されるとき、マグマの噴き上がる火山噴火となる。また、プレートの境界がガタッと崩れたときが、地震となるのだ。つまり、地震と火山噴火は、プレート移動運動から生まれる兄弟のようなものなのだ。

現に、二〇一四年九月二七日の御嶽山噴火のあと、同年一一月二二日にはマグニチュード6・7の大地震が長野県北部で発生している。

重要なのは、地震と火山噴火が連動することだ。ともに、プレート移動の圧力を受けてのものだから、たとえばある地域では、まず火山が噴火したのち地震が起きる。あるいは、べつの地域では地震が起きたのち、火山が噴火するケースもある。

一つの典型的パターンは、火山噴火ののちの大地震である。詳しい仕組みについては後述するが、海洋プレートの圧力を受けた陸側には、プレート境界にも内陸のマグマ溜まりにも圧力がかかるが、まずは内陸にある火山が噴火する。火山爆発によってマグマ溜まりからストレスが抜けると、今度はプレート境界がガタンと崩れて大地震となるのだ。また、地震のあとに火山噴火が来るケースでは、まずは中規模の地震によって一部の地域のストレスが抜け落ちてしまう。すると、内陸のマグマ溜まりに強いストレスがかかり、火山噴火となるのだ。

とくに大噴火があったのちは、プレート境界が大きく崩れて、大地震となる。それが、相模トラフや南海トラフが崩れる巨大地震である。巨大地震が起きてしまうと、ストレスは解放され、火山活動もおさまり、その一帯は静かになるのだ。

また、直下型地震は、近くの火山にマグマが上がりつつあるときに起きやすい。火山の周辺には少しずつプレッシャーがかかって、それが内陸での小さな地震となる。小さな地震といっても、遠洋ではなく、人口密集地帯の地下で起これば大きな揺れのまま伝わり、これが直下型地震災害となるのだ。

このように、火山噴火と地震の関係から、マクロ的な見地で地震予測、噴火予測ができる。これに「地震の目」「噴火の目」というミクロ的な見地からの予測が一致するなら、その予測の確度はより強化されるのだ。

## 東日本大地震もまた、火山噴火が予兆していた

地震と火山噴火の関係は、歴史的にも証明できる。

・一九一二　大島三原山噴火↓一九二三　関東大震災
・一九五〇　大島三原山噴火↓一九五三　房総沖地震
・一九九一　雲仙普賢岳噴火↓一九九五　阪神・淡路大震災

このように、火山噴火から一定の間隔をおいて大きな地震が起きているのだ。プレート移動の圧力に、まずは火山下のマグマ溜まりが耐えきれず、噴火を起こす。これは地震の予兆であり、間隔をおいてつぎはプレート境界が割れて、大地震となる。

これが、東日本大地震のような巨大地震となると、一つの火山噴火のみでは関連づけられなくなる。東日本大地震の場合、東北の火山噴火のみが関連せず、日本列島全体の火山

噴火が関連しているのだ。まずは一九八三年と二〇〇〇年の三宅島噴火、一九八六年の大島三原山噴火からはじまり、一九九一年の雲仙普賢岳噴火、二〇〇〇年の有珠山噴火までが、東日本大地震の予兆と考えられるのだ。

東日本大地震ほどの巨大な地震となると、地震に対応する噴火はじつに広域にわたるものになる。日本列島のあちこちの火山が、巨大地震をもたらすプレート移動の圧力を告げていたのだ。ただ、巨大地震に対応する噴火は、かならずしも巨大噴火とはならない。小さな噴火であっても、巨大地震の発生が迫っていることを予兆していることがあるものだ。

## なぜ、震源から遠い火山が噴火してのち、地震となりやすいのか?

火山噴火と地震の関係について、もう一つ重要なことがある。火山噴火から地震までには一定のタイムラグがあるが、これには一定の法則がある。大地震を起こすプレート境界から近くにある火山は、大地震よりもかなり前の段階で噴火しやすい。一方、プレート境界から遠くにある火山は、大地震の起きる日時から短いタイムラグで噴火しやすいのだ。

たとえば、一九一二年の三原山噴火から一九二三年の関東大地震までは、一一年のタイムラグがある。三原山と関東大地震の震央の距離は、およそ八〇キロ。三原山から近いところでの大地震は、三原山噴火からかなりの時間を経て起きていたことになる。一方、一九五〇年の大島三原山噴火と一九五三年の房総沖地震との関係はどうだろう。こちらは三年とタイムラグは短いが、三原山と房総沖地震の震源との距離は約二三〇キロと遠い。火山から比較的距離があったから、火山噴火ののち地震が起きるタイムラグは短かったということになる。

地震の震央から遠いところの火山が、地震発生に近いタイミングで噴火するのは、ひずみの広がりから説明できる。海洋プレートが日本列島を押していくと、まずはプレート境界一帯にひずみが生じ、その近くにある火山のマグマ溜まりが強い圧力を受ける。プレート境界が割れるにはまだストレスが足りない段階なのだが、プレート境界に近い火山のマグマ溜まりは圧力を受け、マグマは上昇、噴火となるのだ。ただ、この時点では、プレート境界から遠い内陸にはひずみのエネルギーは伝わらず、内陸のマグマ溜まりは圧迫されていない。噴火しやすいのは、プレート境界に近い火山からなのだ。

もちろん、火山噴火ののちも、日本列島は海洋プレートから圧力を受けつづけるから、列島の内陸にもひずみはしだいに広がっていく。長い時間をかけて、プレート境界から遠いところにある火山のマグマ溜まりも圧力を受けるようになる。そしてマグマを上昇させ、噴火となるのだ。この時点では、プレート境界にかかるストレスは大きくなっているから、内陸の火山が噴火する段階になると、プレート境界が割れて、大地震となるのだ。

これが火山噴火から巨大地震までのタイムラグであり、内陸の火山が噴火したときは、そこから遠いプレート境界での地震が迫っていると考えられるのだ。

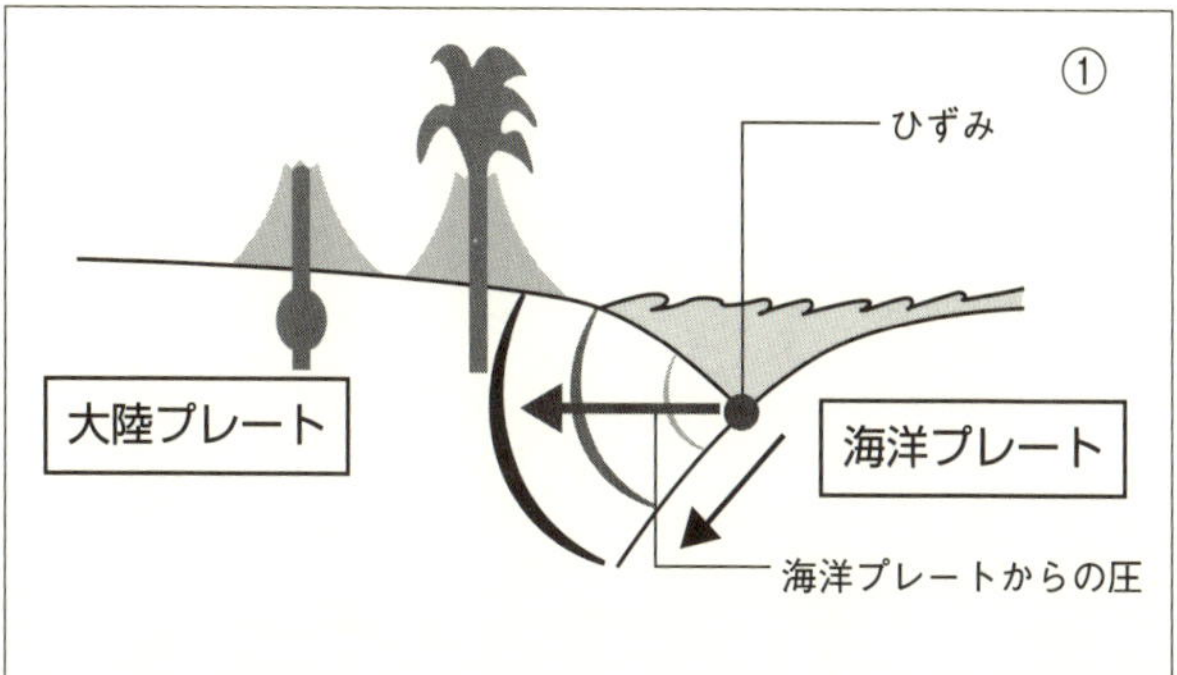


ひずみに近い場所にある火山から先にプレッシャーがかかる。

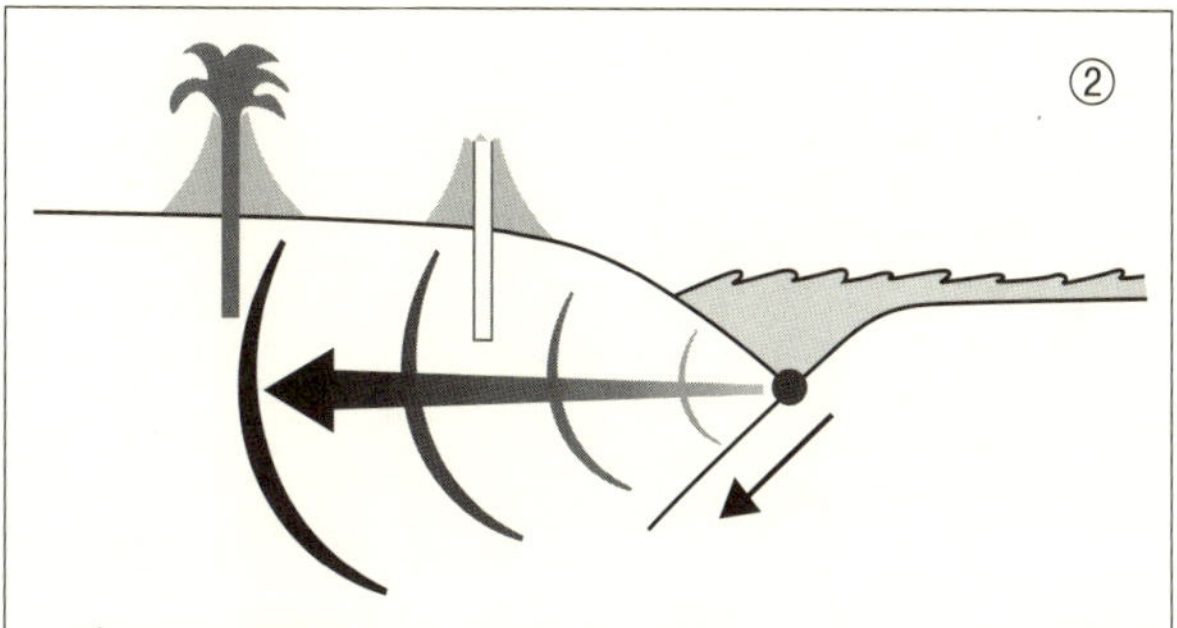


ひずみに長時間圧がかかり続け、蓄積されたストレスが増加するほど、遠くまでエネルギーが伝わるので、ひずみから遠い距離にある火山で噴火が起こると、大地震が近くなる。

図5 火山噴火と地震のタイムラグの関係

## 火山活動の段階から、噴火や地震が予測できる

これまでの地震と火山噴火の話をまとめていくと、火山活動については「P理論」がある。これは、火山活動の推移を分類したもので、P1、P2、P3の三つの段階がある。「P」とは、「相」や「段階」を現す「phase」の頭文字でもあれば、火山性地震の発生回数のピーク「peak」の頭文字でもある。

P理論による火山活動の推移は、以下のような流れにある。

[1] まずは、P1の段階である。地震のおおもとである海洋プレートの移動があり、その動きは日本列島に圧縮圧力（ストレス）をかける。ストレスは火山帯周辺にひずみを生じさせ、そのひずみが原因になって、地殻にひび割れが起きる。これが、群発地震となって現れるのだ。火山活動を見るなら、マグマの頭の位置が上昇し、しばしば小噴火を伴いがちだ。

2　P1とP2の間では、さらなるプレート移動が起きている。ひずみによるストレスがより大きくなり、中規模地震が発生する。その中規模地震の発生によって、エネルギーがいったん解放されるため、群発地震がおさまり、マグマの上昇もストップする。

3　P2は、大噴火に至る過程だ。いったんマグマの上昇がストップしたからといって、プレートの動きが止まっているわけではない。プレートはなおも移動をつづけ、ひずみが大きくなるから、ふたたび群発地震が起きる。このとき、マグマもふたたび上昇、火口からマグマが溢れ、大噴火となるのだ。

4　P2とP3の間では、ひずみによるストレスから中規模の地震が発生する。これによりエネルギーが解放され、地震・噴火活動はいったん休止となる。

5　P3の段階だ。プレートはなおも動きつづけていて、地殻に割れ目を生じさせ、ふたたび群発地震が起きる　このとき、火山噴火を伴うケースも多い。

6　プレートの動きが、ついには大断層を動かす。これにより、巨大地震が発生する。ここに至って、ようやくひずみは解消され、マグマ溜まりへの圧力は去り、火山は比較的長い休止期にはいる。

## いま注意すべき危険地域

では、「緊急チェック」のまとめとして、「御嶽山の本噴火」「富士山噴火」「伊豆諸島沖地震」以外にも知っておくべき注意が必要な危険地域を総ざらいしておこう。

63ページ図6は、「地震の目」と「噴火と地震の関係」から出した、日本列島および近海の地震予測図である。

### 日向灘南部沖

日向灘では、この一世紀あまりに四度の大きな地震が起きている。一九二三年にはマグニチュード7・1が二度、そして一九六一年にはマグニチュード7・0、一九八四年にはマグニチュード7・1の地震が起きている。この四度の地震の間でポカリと空いた空白域が、日向灘南部なのである。

この日向灘については、雲仙普賢岳や霧島火山との関連も気になるところである。一六五七年に雲仙普賢岳が噴火したとき、その五年後の一六六二年に日向灘でマグニチュード7・6の地震が起きているのだ。今回、雲仙普賢岳の噴火が一九九一年だから、まだ危険な段階をすぎたとはいいきれない。

ただ、この日向灘の問題は、一九九六年に解消されたのではないかという見方もある。九六年に屋久島でマグニチュード6・6の地震が起きた。この地震によってストレスが抜けた可能性もあるからだ。

しかし、これまで日向灘で起きた地震はいずれもマグニチュード7・0を超えている点で気がかりではある。しばらくは要注意とみるべきだろう。

## 長野空白域

阿寺《あでら》断層の北方にある空白域。一九七九年や二〇一四年に噴火した御嶽山や白山などとの関連から、大規模な地震活動に注意が必要と思われていた場所だ。前著『いま注意すべき大地震』でも心配していたが、二〇一四年一一月の長野県北部地震として現実になってしまった。

図6　日本列島および近海の地震予測図

## 能登半島西方沖

二〇〇七年には、マグニチュード6・9の能登半島地震が発生している。石川県能登沖を震源とした地震で、この地震で能登のストレスは抜けたかというと、そうでもない。じつは、能登半島西方沖に「地震の目」が生まれつつあるのだ。

能登半島周辺は、過去にもよく地震を起こしている。

一九五二年にはマグニチュード6・5の大聖寺沖地震が起きているし、一九四八年にはマグニチュード7・1の福井地震が起きている。マグニチュード6以上の地震が起きる確率は高いのだ。

私の試算では、能登半島西方沖の地震発生時期は二〇二九年+−三年となった。地震の規模は、マグニチュード7・4が想定される。

日本海側でマグニチュード8クラスの地震は起きないといわれてきたが、一九九三年の北海道南西沖地震ではマグニチュード7・8を記録した事実もある。大津波をともなう可能性も高く、用心が必要だ。

### 奄美沖空白域

琉球列島は全域が、西側の沖縄トラフ沿いの活断層である〝日本列島断層〟と、フィリピン海プレートの西の境界にある南西諸島海溝にはさまれた活動地域。なかでも、奄美諸島近海では微小地震活動が活発化している。

### 八重山諸島付近

一九九八年の八重山沖地震と一九九九年の台湾地震は、この地域での地震と関連づけて捉えることもできる。群発地震が再び起こるようなことがあれば、さらなる注意が必要だろう。

## その他の危険地域

その他の危険地域は以下のとおりだ。

### ・首都

首都圏直下の大地震というと、幕末の一八五五年に起きた安政大地震が有名だ。マグニチュードは6・9と推定され、死者一万人を出した。

東京都総務局では、東京やその近くでマグニチュード7・2の直下型地震が発生したときの被害状況を予測している。それによれば、死者約七〇〇〇人、負傷者約一五万人、全半壊の建築物は約一四万戸という。

もしもそうであれば、多大な被害が出ることは間違いない。しかし、いまのところ、地震の目ができている気配はない。とはいえ、防災対策は忘れないでいただきたい。

・神奈川県方面

マグニチュード5クラスの地震発生がすでにあり、一応ストレスはとれたかと思われる。また、三浦半島などにある活断層群には地震の目は認められていないようだ。

・千葉県北東部

東日本大震災まえには、千葉県北東部での地震空白域が心配されていた。

一九八七年にマグニチュード6・7の千葉県東方沖地震があった。その後、現在に至るまで、地震活動が活発化していたのが、そこから銚子沖にかけてのエリアだった。

しかし、それは東日本大地震の影響によるものと考えられ、震災後は大地震を発生させるエネルギーはない可能性がある。

### ・沖縄島沖空白域

沖縄は、中・小規模の地震に注意。ただ、二〇一〇年と二〇一一年のマグニチュード6クラスの地震によってストレスは消えたとも見ることができる。

# 1章

# 大地震の予兆は火山が教えてくれる

## 火山が警告を発している

ここからは火山と地震との関係について、あらためて詳しく見ていこう。繰り返しになる部分も多少あるだろうが、大事なことなので復習気分でながめてほしい。

日本列島の至るところを襲う地震だが、その活動を知る手だてが地震の再来周期以外にまったくないわけではない。

日本列島の地震活動を知るうえでてっとり早いのは、火山の動向である。

これまで指摘してきたように、日本列島における火山の噴火は地震の警告を発しているといえる。

火山が噴火するのは、地殻が押し縮められ、ストレスがたまってくるからだ。こうしてストレスが噴火するくらいにたまっているところは、つぎには割れて、大地震を起こす。

過去の歴史をみても、火山の大きな噴火のあとには、この火山にかかわる地帯で大地震が起きているのだ。

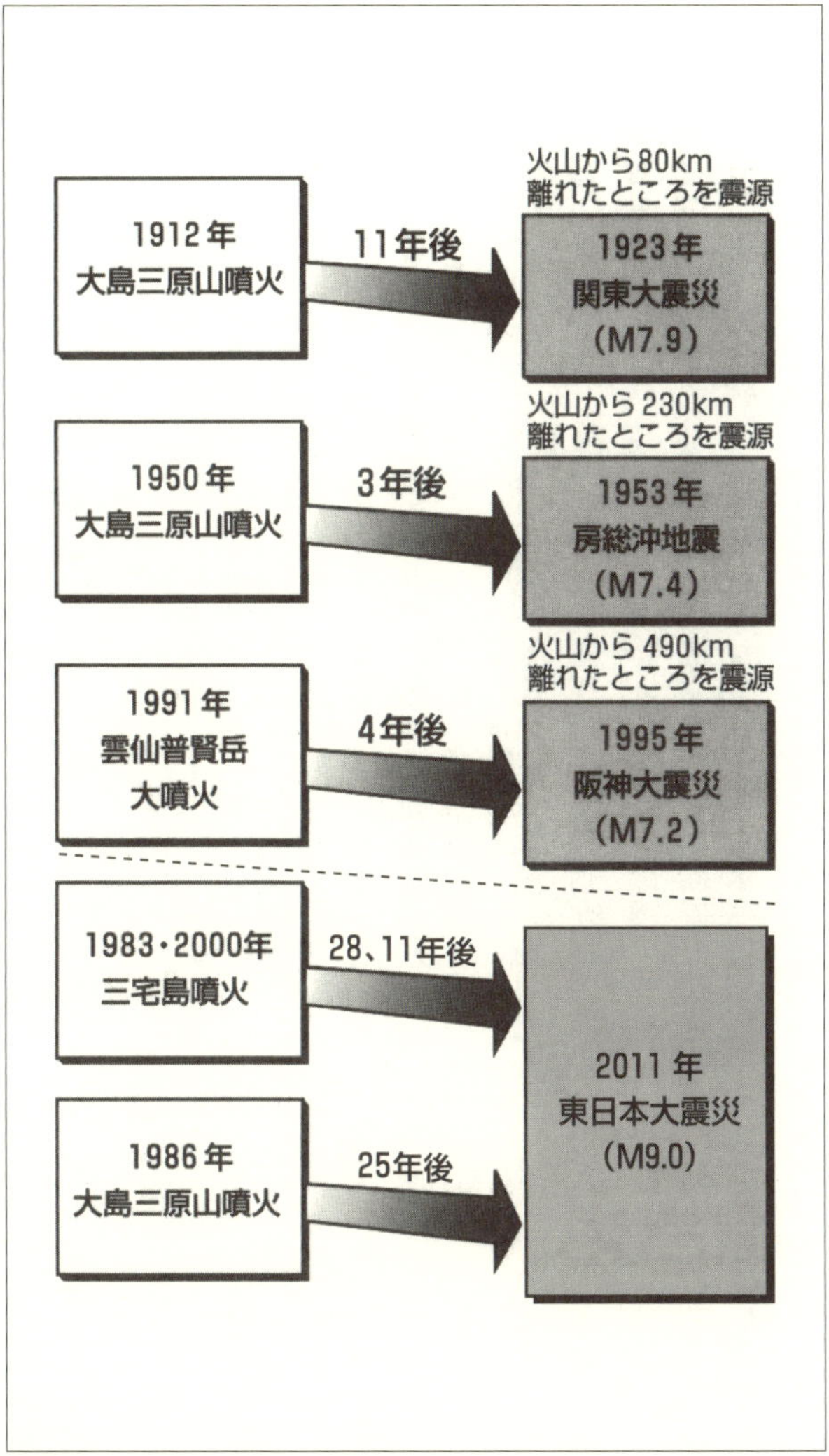


図7　火山の大噴火の後に大地震が計算されたようにやってくる

火山と地震の関係を最もよく表しているのが、大島三原山の大噴火と南関東で起きる大地震の関係だ。関東を襲う大地震は、大島三原山が大噴火してから数年〜十数年後にやって来ている傾向がある。

一九一二年に大島三原山が大噴火したが、その一一年後に何が起きたか。一九二三年には、大島三原山から約八〇キロ離れたところを震源にマグニチュード7・9の関東大地震が起きている。

また大島三原山は一九五〇年にも大噴火しているが、三年後の一九五三年にはマグニチュード7・4の房総沖地震が起こっている。震源地は、大島三原山から約二三〇キロの距離だ。

そしてこの大地震とともに、大島三原山は噴火活動期を終えるというのがパターンだ。

あるいは、一九九五年一月の阪神大震災のまえに何があったかといえば、四年前、九一年の雲仙普賢岳の巨大噴火である。

阪神大震災の震源と雲仙普賢岳は、同じ日本列島断層（後述）の上にある。そして阪神大震災が起こった直後から、雲仙普賢岳では前年には三万四五六五回も数えた火山性地震がピタリとやんだ。九五年五月には、雲仙普賢岳の噴火について火山噴火予知連絡会も終息を宣言している。

このように、火山と地震の関係は多くの歴史が証明しているが、火山の噴火は、一つの地震のみを警告しているわけではない。火山と震源の距離によって、起きる時間はずれてくるから、何カ所かで地震が起きることがある。

火山が噴火すると、まずは遠いところに大地震が起きて、年を追うごとに火山の近くで大地震が起きる。

それも地震は、大地震が一回くれば終わりというものでもない。より火山に近い場所では、まだ地震の可能性が残っているのだ。

あるいは、つぎつぎと起こる地震が、火山の噴火を警告している場合もある。これが二〇〇〇年の有珠山噴火の例だ。

## 噴火した火山から遠いところから地震がはじまる

火山と地震の関係がわかってくれば、地震の予知におおいに役立つわけだが、ここで重要なポイントがある。火山が噴火してから地震が起こるとき、時間的・空間的な法則性がある。

まず噴火後、これまでの通常の大地震は、その火山から距離をかなりおいたところで起こる。そして時間がたつごとに、地震のポイントは火山に近づいていくのだ。

大島三原山の噴火と関東の地震でも、それがいえる。

先ほども述べたが、大島三原山の噴火から三年後に起きた一九五三年の房総沖地震では、大島三原山から約二三〇キロの地点が震源となっている。一方、噴火から一一年後に起きた関東大地震では、大島三原山から約八〇キロの地点が震源となっている。震源は、年を追うごとに火山に近づいていくのである。

この火山と地震の関係を図にしたものが、私のつくった「時空ダイアグラム」である。

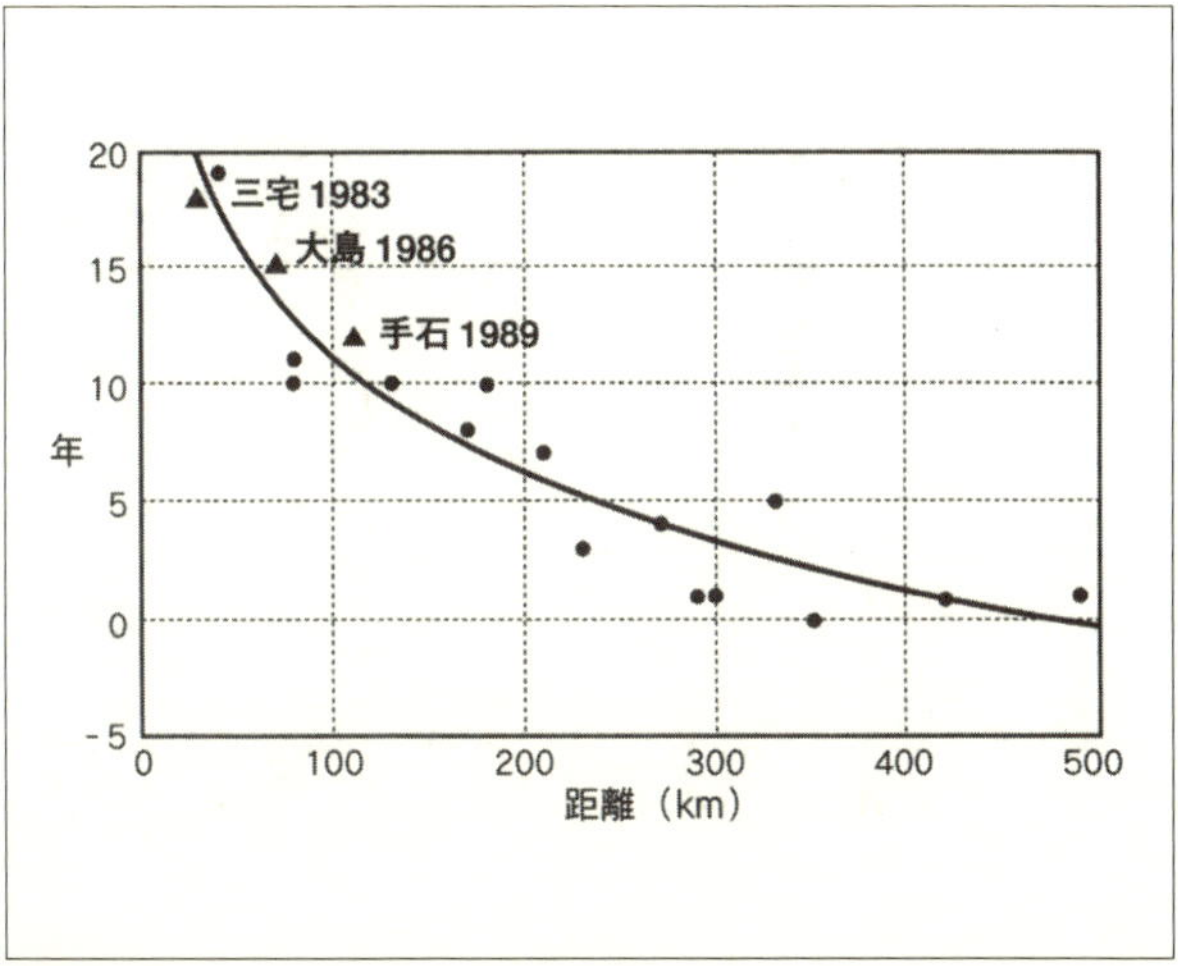


図8　関東―東海付近の噴火―大地震ダイアグラム（時空ダイアグラム）

| | 火　山 | 噴火年 | 地震年（マグニチュード） | 火山から震源までの距離（km） | 火山噴火から地震発生までの年数 |
|---|---|---|---|---|---|
| 0 | 伊豆大島 | 1912 | 1923(7.9) | 80.0 | 11 |
| 1 | 浅間山 | 1913 | 1923(7.9) | 130 | 10 |
| 2 | 焼岳 | 1915 | 1923(7.9) | 170 | 8.0 |
| 3 | 蔵王 | 1918 | 1923(7.9) | 330 | 5.0 |
| 4 | 三宅島 | 1940 | 1944(7.9) | 270 | 4.0 |
| 5 | ベヨネーズ環礁 | 1946 | 1946(8.0) | 420 | 1.0 |
| 6 | 桜島 | 1946 | 1946(8.0) | 490 | 1.0 |
| 7 | ベヨネーズ環礁 | 1915 | 1916(7.0) | 300 | 1.0 |
| 8 | 須美寿島 | 1916 | 1916(7.0) | 350 | 0.0 |
| 9 | ベヨネーズ環礁 | 1960 | 1972(7.2) | 180 | 10 |
| 10 | 三宅島 | 1962 | 1972(7.2) | 180 | 10 |
| 11 | 神津島 | 1965 | 1972(7.2) | 210 | 7.0 |
| 12 | 伊豆大島 | 1950 | 1953(7.4) | 230 | 3.0 |
| 13 | ベヨネーズ環礁 | 1952 | 1953(7.4) | 290 | 1.0 |
| 14 | 伊豆大島 | 1684 | 1703(8.2) | 40.0 | 19 |
| 15 | 三宅島 | 1595 | 1605(7.9) | 80.0 | 10 |

表1　図8に使用したデータ

この時空ダイアグラムでは、震央から火山までの距離を横軸に、火山噴火から地震発生までの時間間隔を縦軸にとる。すると、右下がりの曲線を描くことができる。

この曲線を読むことによって、地震がどのあたりで起きるか読むことができるのだ。火山噴火が起きてから何年後は、火山からどれくらいの距離にある地域が危ないかが一目でわかる。

そして、その距離にあたる地域が空白域になっていることがわかっているなら、十分な警戒が必要になるのだ。

## 火山と地震の関係のメカニズムを解きあかす

この火山と地震の距離・時間の関係をもう少し具体的に説明しよう。火山から遠いところほど早く地震が起こるというメカニズムはなかなかわかりにくいが、それは、傷口にたとえるとわかりやすいかもしれない。

火山の噴火口も地震の断層も、いってみれば傷口のようなものだが、タイプがちがう。地震を起こす断層は長い切れ目であり、手術のメスの跡のようなものだ。一方、火山の噴火口は注射の針の跡のようなものである。

こうした傷口がある場所に、外から力が加わってくるとどうなるか。まず、傷口にストレスが集中し、変形の範囲が広がってきたとき、先に注射の跡が押し縮められてしまう。つまりはマグマだまりが押されて、噴火が起こるのだ。

この噴火、つまりは注射の跡が押し縮められたおかげで、そのまわりにあるメスによる傷口がすぐに開くことはなくなる。

ところが、さらにストレスがたまると、注射の跡の近くにある傷口は、もうもちこたえられない。たまっていたストレスによって大きく開いてしまう。これが、地震の近くで最初に起こる噴火である。

こうして注射の跡周辺の傷口は、注射の跡が縮んだことでなんとかもちこたえているうちに、注射の跡から遠い傷口は、いまにも裂けそうになる。そしてついには大きく開いてしまうのだ。

すなわち、傷口に近い火山からまず噴火して、遠いところにある火山がつぎつぎと噴火していく原理である。

これを逆にみると、火山から遠いところでまず地震が起こり、近いところはあとから起こる仕組みとなる（79ページ図9）。

これは私がかねてから唱えている説なのだが、一口でいえば、最初に断層という傷口にひずみがたまって、そのひずみが火山に及んで、噴くという説である。

しかし、噴火と地震を別物と考える人もいる。むしろこちらが主流である。地震が起こるのは、火山噴火とまったく無関係であるというのだ。これらの異論についても、いずれ

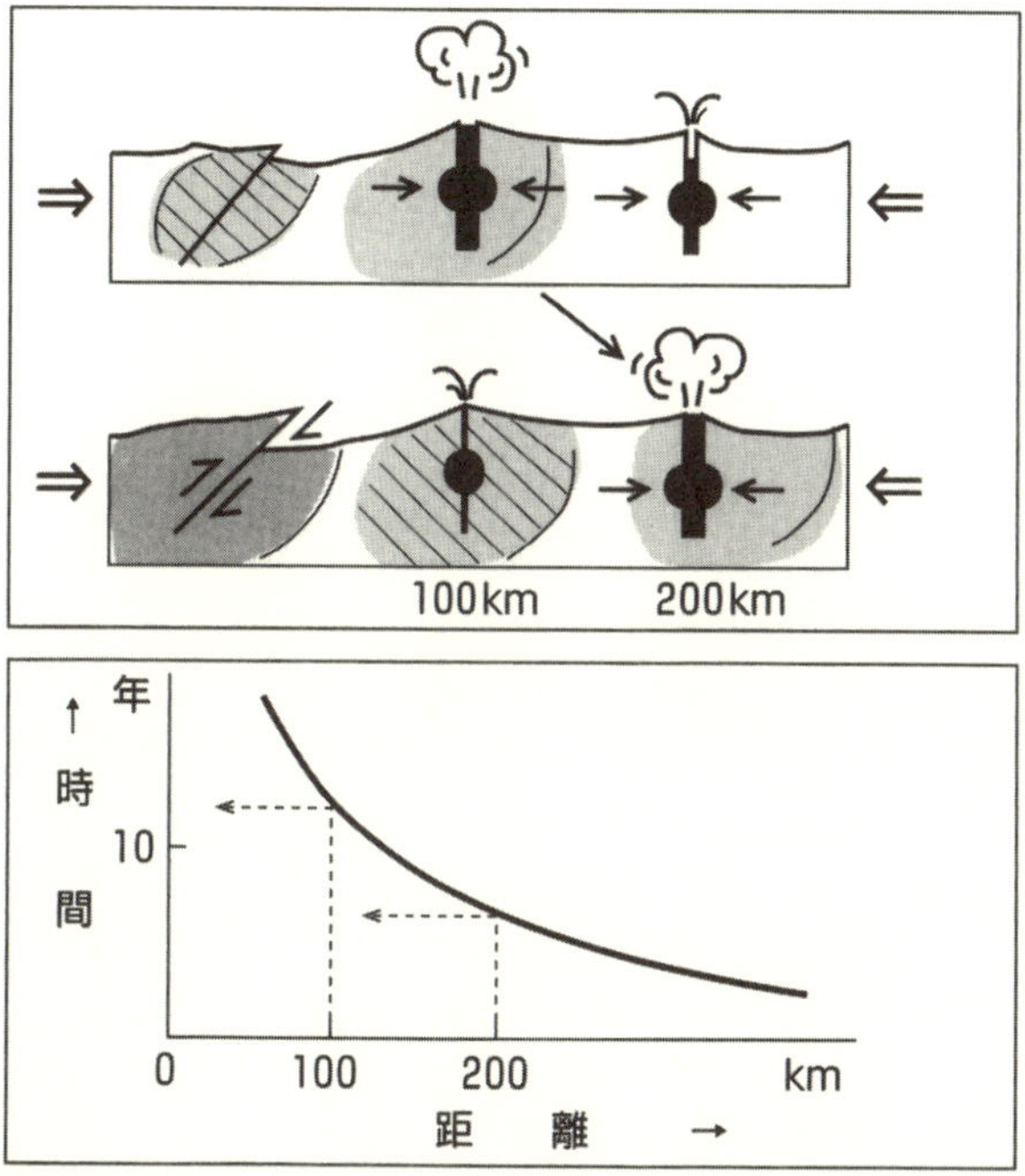


図9 既存大断層付近の火山噴火と大地震発生との時・空関係を示すモデル

決着をみる日が来るのではないか。

ただ、誤解しないようにしたいのは、地震を起こす原因が噴火であるのではないことだ。地震を起こすのは、あくまでもプレートの運動である。プレートが動いて傷口にストレスがたまってくることによって、地震は起きる。火山があろうとなかろうと、地震はつぎつぎと起きるのである。

その一方で、一つの地震であれ複数の地震であれ、噴火から地震までの時間的空間的関係というものは成り立つのである。

# 2章
# いま、世界は巨大地震の時代に突入した

## アイスランドやハワイの巨大噴火が予告するもの

二〇一〇年三月にはじまったアイスランドのエイヤフィヤトラヨークトル火山の噴火は、大噴火となった。

噴火は四月まで続き、一時はヨーロッパ内で旅客機が運航停止に追い込まれ、世界の交通網が寸断された。このアイスランド火山の大噴火こそ、世界中の巨大地震を予告するものだった。

アイスランドには、エイヤフィヤトラヨークトル火山のほかにカトラ火山、ラキ火山、ヘクラ火山、グリームスヴォトン火山などがある。

エイヤフィヤトラヨークトル火山はそうそう噴火する火山ではなく、九二〇年、一六一二年、一八二一年に噴火している。今回の噴火はおよそ二〇〇年ぶりであり、これほどの大噴火はこれまでになかった。

火山噴火と地震の関係を考えるなら、アイスランドの大噴火は、世界的な大地震の連続につながるものだった。

実際、噴火の翌年である二〇一一年二月にはニュージーランド、三月には日本、一〇月にはトルコと立てつづけに大地震が起きている。アイスランドの火山噴火によって、地球規模でプレート境界が活発化してきたのである。また、同じ火山活動でいえば、二〇一四年から活発化しているハワイ・キラウエア山の活動も、プレート境界が地球規模で活発化している流れの表れと考えられる。

アイスランドの火山は、大西洋の中央海嶺《かいれい》上にある。大西洋の中央海嶺は、地球内部のマントルから沸き上がってきたマントルプルームがプレートに変わったものであり、アイスランドはそこに浮かぶ島である。大西洋中央海嶺は大西洋を二つに引き裂くかのように、大西洋を南北に貫いている。

大西洋中央海嶺は、いわば地球の巨大な裂け目である。中央海嶺から東側に進むのは、ユーラシア・プレートとアフリカ・プレート。西側に進むのが、北米プレートと南米プレートだ。

これらのプレートが動けば、そこから先のプレートにぶつかり、地殻にひずみが生まれる。ひずみが限界を超えたところで起きるのが、プレート境界型地震である。ニュージーランド、東日本、トルコの地震もすべてプレート境界型である。

また、大西洋の中央海嶺が活発化していることは、他の裂け目を活発化させているということでもある。大西洋中央海嶺は北に向かうと北極海にはいり、その活動帯は南下し樺太を縦断して、日本海にはいる。

日本海から先どう活動帯が伸びていくかというと、そこから先は私の推測だが、能登半島の根元から本州にはいり瀬戸内海から九州を横断、沖縄の西側へと抜けていく。そこには沖縄トラフがあり、沖縄トラフを活発化させることにつながると見ている。

地震とは関係ないと思われがちだが、二〇一〇年に起きたチリのコピアポ鉱山の落盤事故も世界的なプレートの活性化と関係があると思われる。

プレートが活性化すれば地盤が緩みやすくなる。それが落盤を引き起こした可能性は、捨てきれない。

## 日本列島は、すでに超巨大地震の時代に突入している

### 九〇年代の大地震の流れ

　東日本大地震は何百年に一度の超巨大地震だったが、それは一九九〇年代からはじまった大地震の時代の一つの象徴である。一九八六年の伊豆大島三原山の噴火は、超巨大地震の時代到来を予告するものだった。

　一九九〇年代になると、日本各地はもちろん、世界各地でも大地震が起きはじめ、二〇〇〇年代へとつながっていく。まずは九〇年代の通常の巨大地震の流れを追っていくことで、迫り来る危機の中身もわかろうというものだ。

　一九九三年一月一五日に、北海道の釧路沖でマグニチュード7・8の北海道南西沖地震が起きた。この釧路沖地震の被害はさほどではなかったものの、二名の死者を出してしまった。同じ九三年に起きたマグニチュード7・8の北海道南西沖地震は大きな被害をもた

らした。

奥尻島は津波に襲われ、これに火災が追い打ちをかけた。そのため、二〇二人の死者を出すことになったのである。

この釧路沖地震も北海道南西沖地震も、事前に空白域として予測されていたエリアである。さらには、十勝岳の噴火との関連からも考えることができた。十勝岳の一九八九年の噴火で、そこはP2噴火（主噴火）の段階であることは明らかと見ることができた。

それは、八五年の噴火以降P2を迎えたといえる。あとは大地震が起こるのを警戒しなければならないP3噴火となるが、時空ダイアグラムで一番危険と予想したのは一〇年後に来る十勝沖の地震であった。

けれども地震は必ずしも、太平洋側に現れるわけではない。その点を考慮すれば、十勝岳より百数十キロにある日本海も危ないと著したものである（木村、『噴火と地震—揺れ動く日本列島』徳間書店・一九九二年）。

このころ、まだ一九八三年に起きた日本海中部地震の記憶が生々しく、そのすぐ北に地震が起こるわけがないと考える人が多数であった。しかし現実はどうかというと、すぐ北にある北海道南西沖の空白域で地震は起こったのである。

一方、北海道南西沖地震は、有珠山噴火との関連でもとらえることができる。二〇〇〇年にも噴火した有珠山の、最近の大噴火は一九七七年のことである。有珠山と震央との距離が一四〇キロと近かったために、地震までに一六年もかかったのである。

また釧路沖地震の場合、一九八五年の十勝岳噴火をP2としてみると、噴火から八年後の地震である。十勝岳から震源への距離二五〇キロというのは、通常の時空ダイアグラムに沿ったものであったといえるだろう。

## 九〇年代前半、東北日本をつぎつぎと襲う地震

北海道や東北での地震ラッシュは、一九九三年の釧路沖地震、北海道南西沖地震にとどまるわけではなかった。

一九九四年一〇月にはマグニチュード8・1の北海道東方沖地震が発生し、一二月にはマグニチュード7・5の三陸はるか沖地震が起きた。また翌九五年には、サハリンでマグニチュード7・6の大地震が起きている。

北海道東方沖地震は、北海道南岸にたまっていたストレスを最後に吐き出した地震であった。前年に釧路沖でマグニチュード7・8の地震が起きていたが、それでもその周辺の

ストレスが完全に抜けることはなかった。

そのため、近くでもう一度地震が起きることになったのだ。そして、この北海道東方沖地震によって、北海道南岸にたまっていたストレスは抜けたようである。

また、一九九五年のサハリン大地震は震源の浅い直下型だったため、三〇〇〇人を超える人命を失うことになった。このサハリン大地震は日本列島断層の延長線上にあり、その後の西日本の日本列島断層の活発化を予兆するような地震でもあったが、直接に関連するのはカムチャツカ半島の火山噴火である。

一九九三年にシベルチ火山が三〇年ぶりに噴火し、その溶岩は海抜九〇〇メートルまで流出した。さらにベズイミャンヌイ火山が、この火山にとって史上最大規模の噴火を起こしただけではない。翌九四年には、クリュチェフ火山が五〇年ぶりの大噴火を起こしたのである。その噴火は、火山灰を二〇キロ上空にまで噴き上げるほどのものであった。

このカムチャツカ半島の火山からサハリン大地震の震央までは、およそ一二〇〇キロ強である。時空ダイアグラムに照らしてみると、噴火から一～二年後に大地震が起こることになり、そのとおりとなったのである。

さらに三陸はるか沖地震についても、すでに拙著、『これから起こること』（青春出版社刊）の中で、三陸沖を推定される地震空白域として予想していた。震源域がいくぶんずれているものの、これまた東北の火山の活動から予測できるものであったのだ。

## 「関西には地震が起こらない」という迷信の正体

このように九〇年代の前半は、東北日本をつぎつぎと地震が襲い、奥尻島のような大惨事も起こしたが、都市部を壊滅させるようなことはなかった。しかし、都市部壊滅の悪夢は、九五年に西日本で引き起こされた。それが、兵庫県南部地震である。

兵庫県南部地震はマグニチュード7・2であり、神戸市は震度7を記録した。神戸に大きな被害をもたらしたこの大地震が起きるまでは、関西を中心にある〝迷信〟めいた説があった。「関西には地震が起こらない」というものである。実際には、少し歴史を調べれば、それが迷信であることはすぐにわかることだ。

一五九六年には伏見で地震が起きて、一一〇〇人以上の死者が出ている。阪神大地震は、このときの割れ残りである野島断層が動いたものといわれる。また一八三〇年には、京都で二八〇人もの死者を出す地震も起こっている。関西は、けっして地震と無縁のエリアではなかったのである。

私自身、この関西の地震については警告を発していた。前述の『これから起こること』の中で、阪神地区の灰色のエリアとして指摘していた。推定される地震空白域であり、それも活動的と見ていたのである。

そんな予測がたったのは、阪神地区の日本列島断層上にいわゆる〝ドーナツ現象〟がみられたからである。

そして地震が起きた震源に黒い丸をつけていくと、ちょうどドーナツ状の形になる。まん中だけが白くすっぽりと抜けていて、嵐の前の静けさを思わせる。このドーナツ現象が起きている地域は、第二種空白域とみられ、やがて大きな地震をその中で起こす可能性が強いのだ。阪神地区も一九九四年の段階でそうなっていたのである。

この予測は不幸にも的中し、阪神大震災は起きてしまったが、それはこれまでの日本の地震活動がガラリと変わることを告げたものであった。

それまで大地震は東北日本を集中的に襲っていたが、この阪神大震災以後、東北日本での大地震が起こることはなくなった。代わってそれまで平穏であった西日本方面で、大きな地震が起こるようになったのだ。

一九九八年にはマグニチュード7・7の八重山沖地震が起きたし、九九年には西日本の延長にある台湾でマグニチュード7・7の大地震が起きたのである。

## 日本列島断層内側にあるもう一本の活断層帯

一九九〇年代にはいって、日本とその周辺で地震が多発した。九五年の阪神大震災の記憶がまだ鮮明に残っている九九年には、台湾も大地震に襲われた。

これらつぎつぎに起こる大地震は、それぞれが独自のメカニズムで起きているのではない。じつは、すべては一本の〝軸〟につながってくる。

いま、日本列島を走っている一本の大断層が、つぎつぎと割れようとしているのだ。これを私は「日本列島断層」あるいは、「日本列島大断層」と呼んでいる（93ページ図10）。

阪神大震災、台湾大地震と割れてきた日本列島断層だが、つぎにまた割れるのは必然だ。それがまた、大地震を起こすのである。

この日本列島断層、巨大な活断層だと思ってもらえばいい。阪神大震災以来、活断層という言葉が注目され、日本列島の至るところに大なり小なりの活断層が走っていることが明らかにされた。ここでいう日本列島断層はその巨大なもので、日本列島のまん中を貫いている。といっても、地表では途切れ途切れにみられる。

具体的には、富山から岐阜県北部を貫き、さらに琵琶湖から京都、神戸、淡路島を通り、有名な中央構造線と呼ばれる活断層と一致して四国を吉野川沿いに西へと走る。九州は別府あたりから雲仙普賢岳にまで連なる。これが南下して、沖縄トラフ中軸部を走り、台湾にまで至るのだ。

これまで西日本を走る中央構造線は、四国の吉野川沿いから和歌山へと抜けていくものと思われたが、その一部は枝分かれして、淡路島から神戸へと走っていたのである。九五年の阪神大地震によって、この断層の走り方が明らかになったのである。

この日本列島断層は、北のほうはどうなっているか。フォッサマグナの走る糸魚《いとい》川の沖合から、佐渡島沖へと日本海を北海道に向けて北上し、樺太を縦断していく。

そして近年の大地震の多くが、この日本列島断層で起きているのである。九五年の阪神大地震や二〇一四年の長野県北部地震もこの日本列島断層の上で起きている。

北をみれば、一九八三年に津波で多くの被害者を出した日本海中部地震、九三年に奥尻島を飲み込んだ北海道南西沖地震も、さらには九五年のサハリン大地震も、日本列島断層沿いで起きているのだ。二〇〇四年の新潟県中越地震も、この構造線の近くで発生したものである。

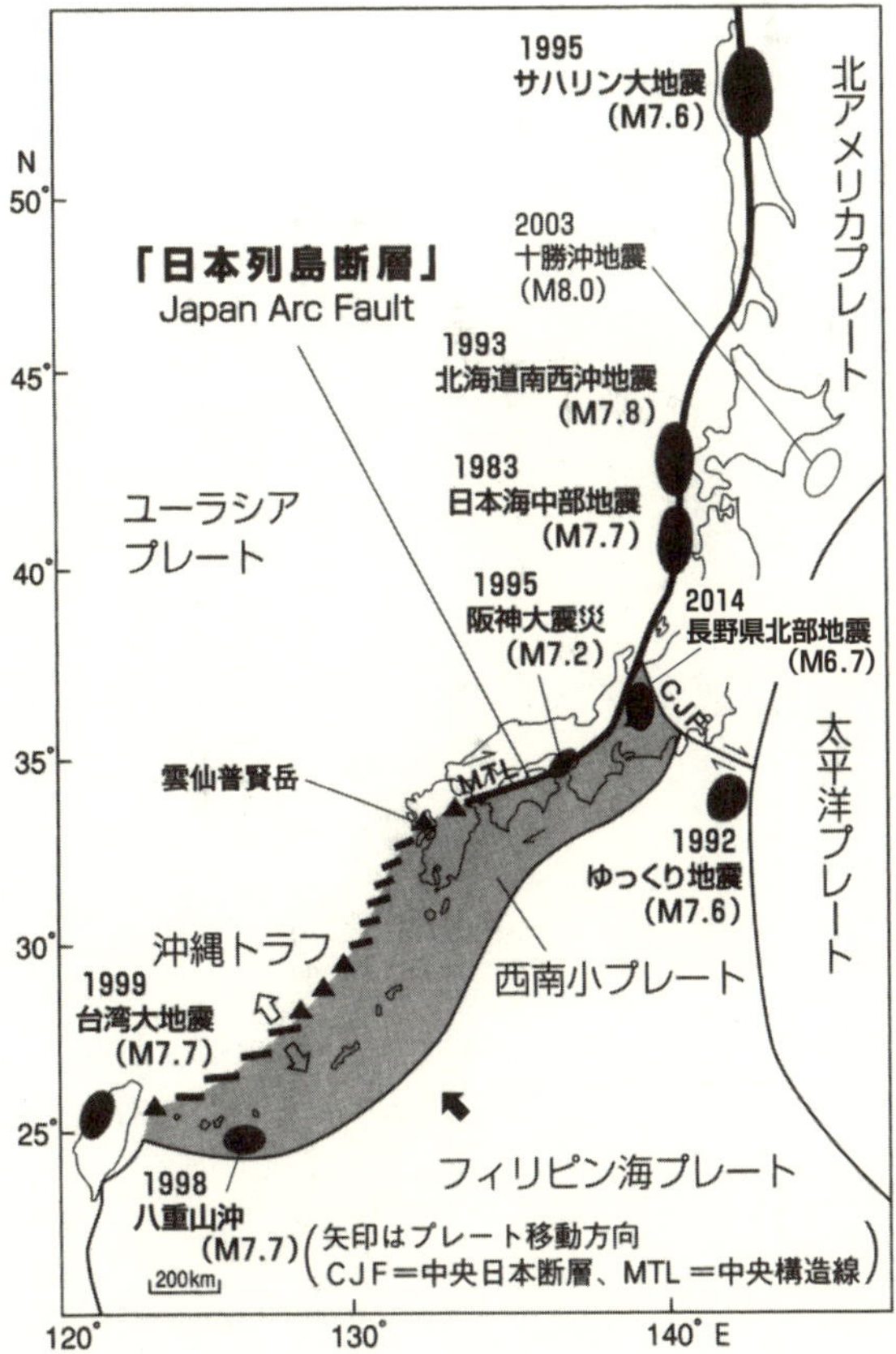


図10　日本列島の大断層上で続々と大地震が！

この日本列島断層は、西日本では中央構造線と重なると述べた。この中央構造線は歴史時代に動いたことがないといわれてきたが、ここが将来、大きく動く可能性もあるのだ。長くエネルギーをためこんでいる可能性は捨てきれず、十分に検討する必要がある。

さらに日本列島断層の西南領域は、沖縄トラフと重なる。この沖縄トラフはフィリピン海プレートに押されて、過去に大きな地震を起こしている。

また日本列島断層の北半部、すなわち東北日本側は、北アメリカプレートとユーラシア・プレートの境界である。当然のことながら、プレート同士のぶつかりあいで、地震を起こしやすい。このように日本列島断層は、至るところに問題をはらんでいて、それがいま、つぎつぎと地殻を割ろうとしているのである。

## 台湾大地震の必然

一九九九年九月二一日、台湾から衝撃的な情報がもたらされた。

台湾の中部で〝集集地震〟というマグニチュード7・7の激震が起きたのである。その地震エネルギーは阪神大地震のおよそ一〇倍であり、内陸地震としては世界でも最大級のものだった。この台湾大地震は、意外に思われる人も少なくなかったようだが、じつはこ

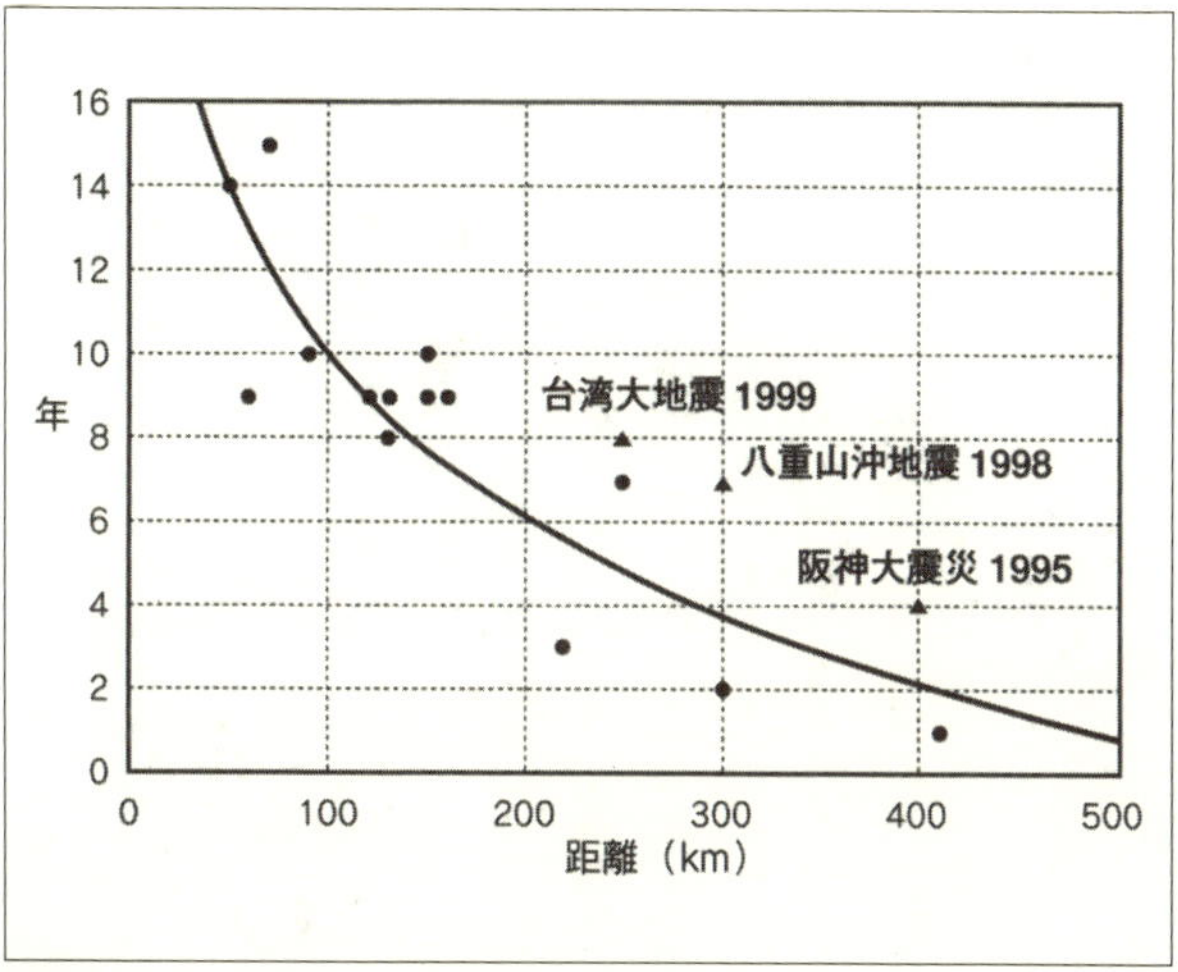


図11 関西―台湾噴火―地震ダイアグラム

の時期の台湾の大地震も基本的には予想しなければならないものであった。

台湾の大地震は、一〇〇年に一度のシリーズの中に入るものである。その一〇〇年のシリーズを読む一つの目安が火山の噴火であり、この場合、一九九一年からはじまった雲仙普賢岳の噴火である。

この噴火のあとに、九州、台湾での大地震が来るというのは予測しなければならなかったことなのである。

このことは、九〇年代のはじめに拙著ですでに指摘している（木村、『噴火と地震――揺れ動く日本列島』徳間書店・一九九二年）。それを示したのが図11である。雲仙普賢岳の大噴火を契機に、一〇〇年に一度の噴火 ↓

巨大地震のシリーズがはじまり、二〇〇〇年までにどこかで大地震が起きると考えたのだ。その〝どこか〟とは、九州から琉球列島、台湾にかけての空白域だった。

その一つとして考えられたのが、八重山諸島の空白域であった。八重山諸島については、マグニチュード7・0〜7・4の地震を、『大地震期第三の予知』(青春出版社刊)の217ページで警告していたが、一九九八年に現実になってしまったのだ。

八重山諸島は、およそ二〇〇年前にマグニチュード7・4の地震に襲われたことがある。この警告により、以前から八重山の空白域については私は懸念していた。一九九九年の台湾の大地震もまた、この関連の空白域の一つで発生したと考えられるのだ。

じつは台湾は、プレートの面から見ても強いストレスを受けざるをえないところにある。台湾はユーラシア・プレート上にあり、そこに東からフィリピン海プレートが押してくる。

通常、海洋側のプレートは大陸側のプレート下に潜りこむのだが、台湾地域においてはこれが異なる。海洋側のプレートと大陸側のプレートの双方がぶつかりあい、内陸部が隆起する。

そしてこのひずみが解放されるとき、激しい地殻変動が起きる傾向がある。実際に台湾大地震後も、高さが四〜五メートルもある丘のような断層が数多く発見されている。これも、いかに台湾がプレートの圧力を強く受けているかの象徴のようなものだ。

　この台湾大地震の直接の引き金となったのは、一九九八年の八重山沖地震だろう。このマグニチュード7・7の地震によって、石垣島の南方沖の地殻ストレスは解放された。そしてストレスは台湾に集中するようになり、大地震となった可能性がある。

## 西表島の群発地震が台湾大地震を予告していた

　八重山沖地震と台湾大地震については、これを西表《いりおもて》島の群発地震との関連でとらえることもできる。一九九一年一月に西表島では群発地震が起きた。

　当初はマグニチュード4程度の小さなものが続き、五月に群発地震域の南西でマグニチュード5・4の地震が起きた。以後、群発地震は収まると同時に雲仙普賢岳の活動が活発化する。

　この西表島の群発地震は、台湾大地震の警告であったともいえるのだ。西表島沖のそれは、海底火山に関係する地震である可能性がある。実際、一九二四年には西表島近海で火山爆発が起き、大量の軽石が流出した。

　この西表島と雲仙普賢岳の噴火から台湾大地震までの関連は、一九九一年の西表群発地震を基点とした時空ダイアグラムを見れば一目瞭然だ（95ページ図11）。このときの、火山としての西表島地域はＰ２の状態である。そして、西表島から遠い距離にある地点から地震が起きていく。

まず雲仙普賢岳からの距離が四〇〇キロにある神戸で、群発地震から四年後の一九九五年に大地震が起きた。この震源は、しだいに西表諸島に近づいていく。群発地震から七年後の一九九八年には、西表島からの距離三〇〇キロの八重山沖で地震が起きたのだ。

そして西表島の群発地震から八年後、一九九九年に西表から距離二五〇キロの台湾中部で大地震が起きたのである。

不安なのは、西表島にさらに近い領域に空白域がある場合だ。その場合、群発地震の一〇年後、二〇年後に地震が起こる可能性があるから、油断はできないだろう。

一九九八年の八重山沖の大地震後、西表島周辺の群発地震がピタリと止まり、動かないようなら、ストレスがとれたことになり、近海での大地震発生イコール明和の大津波級の津波発生の心配もなくなるのだが、微妙なところだ。

西表島だけでなく、より西方、台湾のごく近くの亀山島という島にカギを見ることもできるかもしれない。

この亀山島については活動が活発になったというニュースも一時流れたが、ちょっとはっきりしない部分もある。仮説としては、まずこの亀山島が活発化し、つぎに西表島に動きが出たことになる。それが、阪神大震災や台湾大地震の警告となったのである。

いずれにせよ、雲仙普賢岳も西表島も地震を警告していたのである。雲仙普賢岳は一〇〇年に一度のシリーズが来たことを、西表島は阪神大震災、八重山沖地震、台湾大地震との幾何学的関係を予告していたのである。

## 雲仙普賢岳、西表に現れたフィリピン海プレートの圧力

一九九〇年代に西日本で起きた一連のシリーズだが、これをプレートから見ていくとどうなるだろうか。地震が起こるにしろ、火山が噴火するにしろ、その根っこは同じである。同じ力が地震の要因となったり、噴火の原因となるわけで、この場はフィリピン海プレートの力である。

まずフィリピン海プレートが、ユーラシア・プレートを押していく。これによって日本列島断層のあるラインが大きなストレスを受け、膿《うみ》がたまっていくのである。このたまっていた膿がピュッと噴き出したのが、一九九一年の雲仙普賢岳の噴火であり、西表島の群

発地震である。

このフィリピン海プレートの圧力が強くなるのは、一九九五年のころからである。それまでは太平洋プレートが東日本に圧力をかけていたため（次ページ図12）、北海道や東北で火山が噴火し地震が起きていた。

それが一九九五年以降、フィリピン海プレートが西日本に圧力を加えるようになり、日本列島断層は強いストレスを受けていたのである。

この構図は、西日本だけでなく、東京にも不気味な影を与えている。およそ一世紀近く前、一九二二年に台湾でマグニチュード7・6の大地震があった。これもフィリピン海プレートの圧力によるものだが、翌二三年に関東大地震が起きている。

関東大地震の震源もフィリピン海プレートに沿ったところであり、プレートの圧力を受けていたのである。このフィリピン海プレートの圧力は台湾に出やすいのだが、それは時として関東にも警告を発しているのである。

## フィリピン海プレートに接する西日本は、今後しばらく危険状態？

この西日本で起きる地震は、八重山沖地震、台湾大地震、そして二〇一四年の長野県北

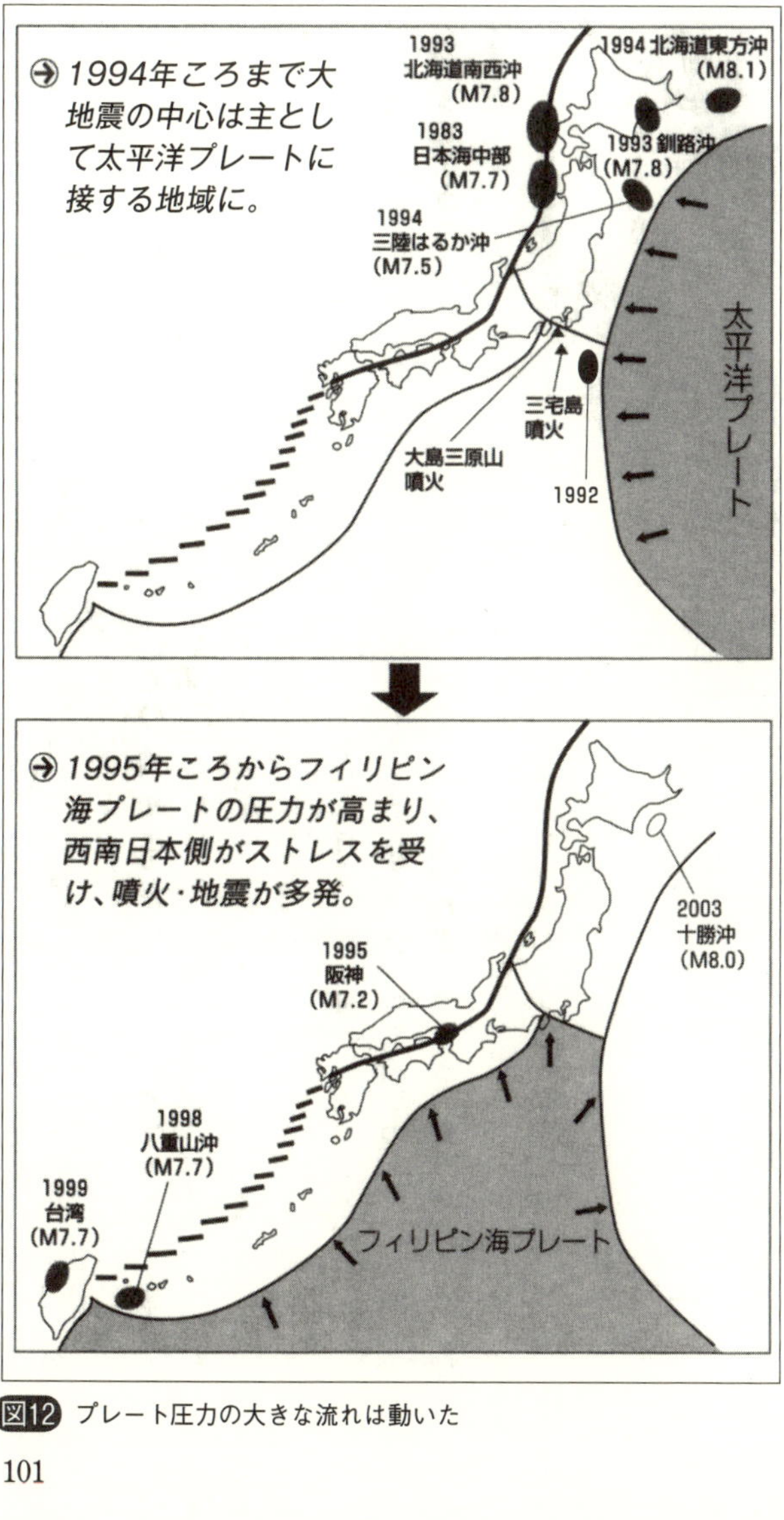


図12　プレート圧力の大きな流れは動いた

部地震で終わりとはならないだろう。西日本は、日本列島断層の南半分が内陸に入りこみ、少なくとも今後しばらくは警戒が必要なのである。それも、琉球列島以外は、内陸直下型を主とするプレート内地震に注意が必要だ。

西日本にこれほどの地震の危機が訪れているのは、すでに指摘したとおりフィリピン海プレートのためである。一九九五年まで日本列島を押し縮めていたのは、太平洋プレートであった。そのため東北日本にストレスがかかり、地震を頻発させることになった。それが九五年から圧迫するプレートが変わった。

太平洋プレートに代わってフィリピン海プレートが、日本列島を押し縮めはじめたのだ。そのため西日本にストレスがかかってきた。そして、西日本の日本列島断層の上で、地震が起きるようになった。それが阪神大震災であり、八重山沖地震であり、台湾大地震であるのだ。

そしていまも、フィリピン海プレートと接する境界のひずみは、どこかで解放されようとしている。これが、大地震につながるのである。

このとき注意しておきたいことは、西日本の中に関東も含まれているということだ。フィリピン海プレートは、伊豆半島から房総沖へも進出しており、ここもまた警戒すべきエリアなのである。

## 二〇〇〇年代にはいっても、大地震のシリーズは止まらない

二〇〇〇年代に突入しても、一九九〇年代からはじまった大地震のシリーズは止まらなかった。国内を見ていくと、二〇〇〇年に鳥取県西部地震が起きている。マグチニュード7・3を記録したものの、幸い死者はゼロであった。

二〇〇一年三月二四日、マグニチュード6・7の芸予地震が発生、死者二人を出している。つづいて二〇〇三年九月二六日には、マグニチュード8・0の十勝沖地震で、行方不明者二人を出している。

このあと二〇〇四年一〇月三〇日には、新潟県中越地震が起きている。新潟県中越地震については、その危険性を私はかねてから察知していたが、震源の深さは二〇キロ、マグニチュードは6・8。一九九五年の阪神大震災に次いで、観測史上二度目の震度7を川口町で記録している。

付近を走行中だった新幹線が脱線事故を起こしたのも、この地震だ。幸いケガ人は出なかったものの、新幹線の安全神話もぐらついた。

新潟県中越地震の特徴は、つづけざまに大きな揺れに繰り返し襲われたことだ。震源に近い小千谷《おぢや》市では午後六時少し前に本震の震度6強を記録し、その後二時間足らずの間に震度5～6の揺れが七回も起きている。この中には本震と同じ震度6強の揺れが、二回もある。余震と呼ぶには、大きすぎる。

本震直後だけでなく、数日たったあとの揺れも多く、そして大きい。最初の地震から四日後の二七日午前には震度6弱の余震があり、一一月四日の朝にも震度5強の揺れを記録している。

死者六八名を出した中越地震がどうして起きたかといえば、プレートの衝突による。震源付近には、「信濃川地震地帯」と呼ばれる北米プレート（岩盤）とユーラシア（アムール）プレートがあるのだ。このため、地殻にストレスがたまり、断層や地層がひずみ、地殻が壊れ、地震をもたらしたのである。

この地震は、片方の断層がもう一方の断層に乗り上げる「逆断層型」であった。

その後、東京大学地震研究所などの研究によれば、この地が非常に複雑な地下構造をしていることもわかった。

マグニチュード6・8の本震を起こした断層と、その四〇分後にマグニチュード6・5

の最大余震を起こした断層、二七日にマグニチュード6・1の余震を起こした断層は、それぞれ別だったのである。

つまり、この地震には少なくとも三つの断層が関与していたわけだ。それぞれが構造的に弱い場所を抱えており、本震のあとにつぎつぎと壊れる連鎖反応を起こし、余震の原因となったのである。

## 二〇〇〇年代には、世界的に超巨大地震が襲来

二〇〇四年の大地震は、一〇月の中越地震で終わりとはならなかった。同年一二月二六日にインドネシア・スマトラ沖地震は、マグチニュード9・1の超巨大地震となった。大地震は大津波をもたらし、死者・行方不明者は二八万人を超えた。

インドネシアでの巨大地震は、なおも続く。翌二〇〇五年三月二八日のスマトラ沖地震では、マグニチュード8・7を記録、死者は一〇〇〇～二〇〇〇人にのぼった。二〇〇六年五月二七日にはマグニチュード6・2のジャワ島中部地震が発生、死者五〇〇〇人以上にものぼった。

同年七月一七日にはマグニチュード7・7のジャワ島南西沖地震が起き、死者は五〇〇

人以上に達している。二〇〇九年九月二日には、ジャワ島西部沖でマグニチュード7・0、同年九月三〇日にはスマトラ沖でマグニチュード7・6の地震を記録している。

インドネシア周辺海域は、ユーラシア・プレートとオーストラリア・プレートの境界域にあたる。インドネシアの島々は境界域に浮かんでいるようなもので、これまでにも多くの地震に襲われてきた地帯である。

インドネシアでの巨大地震シリーズは、一八世紀末からおよそ六〇年続き、その後、収まったかに見えた。だが、二〇世紀末から、ふたたび巨大地震のシリーズがはじまったように見える。

中国内陸部でも、巨大地震が起きている。

二〇〇八年五月一二日にはマグニチュード8・0の四川省地震が発生、死者・行方不明者は約八万七〇〇〇人にも及んだ。これは、中国で過去に知られている範囲でワースト五位にはいる被害である。

二〇一〇年四月一四日にはマグニチュード7・1の青海地震が起き、死者・行方不明者は二二〇〇人以上にものぼっている。

この一帯は内陸だが、プレートの境界域になっている。巨大な大陸を乗せたユーラシア・

プレートの脇腹に、インド亜大陸を乗せたインド・オーストラリア・プレートがめり込んでいる。ヒマラヤ山脈自体がインド・オーストラリア・プレートに大きく押し上げられ、隆起したものだ。

ヒマラヤ造山後も、インド・オーストラリア・プレートの移動は止まらず、ユーラシア・プレート側の地殻が壊されていく。その結果が、地震となるのだ。

二〇〇五年一〇月八日に起きたパキスタン地震も、この境界域で起きている。このときのマグニチュードは7・6、死者はおよそ一〇万人にも達している。

また、二〇〇一年六月二三日にはペルー南部でマグニチュード8・4、二〇〇七年八月一五日にはペルーでマグニチュード8・0の地震が起きている。このあと、二〇一〇年一月一二日にハイチでマグニチュード7・0、同年二月二七日、チリでマグニチュード8・8の大地震が起きている。ハイチ地震では、死者がおよそ二三万人にものぼっている。

日本では二〇〇七年三月二五日に、マグニチュード6・9の能登半島沖地震が起きている。これは、『これから注意すべき地震・噴火』（二〇〇四年青春出版社刊）で指摘していた空白域であった。

このあと、二〇〇七年七月一六日にマグチニュード6・8の新潟県中越沖地震、二〇〇八年六月一四日にマグニチュード7・2の岩手・宮城内陸地震と続いた。

そして二〇〇九年八月一一日にはマグチニュード6・5の駿河湾地震が起きている。駿河湾地震については、東海地震との関連であとで述べる。

このように二〇〇〇年代にはいると、世界各地で超巨大地震が起きている。東日本大地震もその流れの中にあり、アイスランド火山の噴火が影響した可能性も否定できない。今後も、世界各地で巨大地震が起きる可能性は捨てきれないのだ。

## 地震の周期について

### 関東以西、一〇〇年に一度の大きな地震シリーズがやってくる

先の東日本大震災以後、地震についての関心が高まっているが、地震について知るとき、まず把握しておきたいのが周期についてである。

たとえば、「関東で大地震が起きるのは六九年周期である」といった内容だ。けれども、この周期の考え方は、けっして絶対的なものではない。バイブルのようなものではなく、参考程度のものである。そして参考として読んでいくなら、かなり予知に役立つ。

この地震の周期を世界的にみれば、何の一貫したものもない。各地でバラバラであり、傾向性のようなものはない。それも世界各地の一つひとつのエリアが、細かく周期がちがう。

ただ、周期についての概略はいえるだろう。活動帯全域でみれば、こまかなスパンでは二〇〜三〇年ほどの周期で活動しているのが現実なのである。火山活動にしろ、地震活動

にしろ、これは同じだ。

この三〇年周期というのは、小さな地震や火山の小活動まで入れたもので、もっと大きな見方もある。世界的に大きな地震を起こしているゾーンを見たとき、もっと大きな周期で考えることができる。

たとえば、西日本の外側にある南海トラフの場合、一〇〇～二〇〇年に一度の周期で大きく割れ、大地震を起こすことはよく知られている。また、琉球列島の場合も一〇〇年に一度の間隔で、大地震期と大噴火期がやってくる。

さらに世界では二〇〇年に一度くらいの周期で、もっと巨大な地震や噴火が起きる場合がある。それは気象異変までもたらし、飢饉《ききん》などの災害を生む。

いまからおよそ二〇〇年前にも、そうした時期があった。日本では浅間山が安永の噴火を起こし、伊豆大島三原山も巨大噴火を起こした。琉球では明和の大津波に見舞われた。こうした事態が世界中で重なるときが、二世紀に一度の周期で来るのだ。

この原因は、いろいろいわれている。地球の地軸がずれるという「チャンドラ・ムーブメント」によるものなのか、あるいは太陽の黒点活動の変化によるものなのか、木星の活動との関連なのか、それはまだよくわからない。

## 西日本は五〇年に一度大地震に見舞われる

この周期について日本列島をもう少し細かく見ていくと、どうだろう。まずは西日本の場合、すでに述べたように外側にあたる南海トラフが、一〇〇年に一度割れる。では内側である瀬戸内海や日本海側はどうかというと、ここも一〇〇年に一度割れている。

この内側の地震帯は、「日本列島断層」あるいは、「日本列島大断層」に沿った地帯なのだ。

ただ、この日本列島断層の外側と内側が同時に割れて、大地震を起こすことはないようだ。たいていは半世紀ほどずれて起こる。外側の南海トラフで地震が起きたおよそ五〇年後に、内側で地震が起きるのだ。

こうしてトータルすると、西日本では五〇年周期で大地震に見舞われる計算になる。要するに、五〇年に一度西日本で起こる地震の〝犯人〟は、そのときごとに交代しているわけである。

またこの西日本の地震についてだが、一九九五年の阪神大地震などは中央構造線が枝分かれした場所で起きたものだ。この中央構造線を少し離れて動くケースもある。

たとえば、京都だ。それが日本列島断層の一部なのだ。福井といったあたりでも大地震がときどき起こるので要注意だ。

さらに南に下がって、南西諸島一帯はどうかというと、一〇〇年に一度の周期で大地震に見舞われている。それでも、日本でもっとも地震の少ない地帯といってもいいだろう。

そして地震の時期は、西日本の内側で地震が起きるときと一致している。これが、偶然の一致なのか、必然かはまだはっきりしない。

また、九州では数十年に一度、マグニチュード7クラスの地震に見舞われることがある。沖縄でもときどきこの数十年に一度の地震があるが、そのへんの理由はフィリピン海プレートとの関係であろう。

## 関東に地震の多い理由

五〇年に一度被害地震に見舞われる西日本よりも地震が多いのは、関東である。

関東の地震はよく「六九年に一度起きる」といわれるが、現実にはもっと高い頻度で起きている。

関東で地震を引き起こすのは、日本列島断層の外側にある相模トラフだけではない。もう一つ、日本海溝沿いで起きる地震もある。一九二三年の関東大地震が相模トラフによる地震なら、一九五三年の房総沖地震は、相模トラフと日本海溝との交わった地点で発生した地震である。

日本海溝沿いの地震は、だいたい一〇〇年に一度の地震といっていいのだが、相模トラフの地震はそうでもない。相模トラフ沿いではマグニチュード7以上の地震が、五〇年に一度起きている。

さらにそれほどの規模でなくとも被害を起こす地震もあり、被害を起こす地震については、二〇年に一度の周期となる。

さらに関東の場合、西日本に比べて地震が多いのは、この相模トラフ近辺が割れるからだけではない。西日本の大地震の影響を受けて、割れやすくなっているからだ。

西日本では外側と内側で五〇年交替に大きく揺れる計算になっているが、関東は、この両方につきあって揺れているのだ。

だから関東は数十年に一度地震を体験し、関東付近の場合、ほかの日本の地域よりも倍の揺れを感じていることにもなる。

北に上がって東北日本はどうかというと、これまた日本列島断層の外側と内側で割れる。

しかも、日本海側と太平洋側のそれぞれが同じような時期に少しずれて発生することがあるので、東北日本は二〇～三〇年に一度どこかで大きな揺れに見舞われることになる。

ただ、東北日本の場合、日本海側と太平洋側が同時にペアで割れる性質があるのが西日本とちがっている。ペアといっても、まったく同じ年に起きるわけでなく、十数年くらいの間隔で日本海側と太平洋側で地震が起きるのであるが。

## 琉球の地震シリーズが、関東につながることもある

このように日本列島の場所によって、地震の周期には特徴がある。そのため日本列島を通して見た場合、地震は地域によってバラバラに起こっていると思われがちだが、必ずしもそうではない。

各地の地震シリーズをよくみていくと、ほかの地域のシリーズにつながっている場合がある。

たとえば琉球で起きた地震のシリーズは、フィリピン海プレートを通じて関東につながることもあるのだ。

あるいは、その逆で、この地域とこの地域はつながらないと判明することもある。

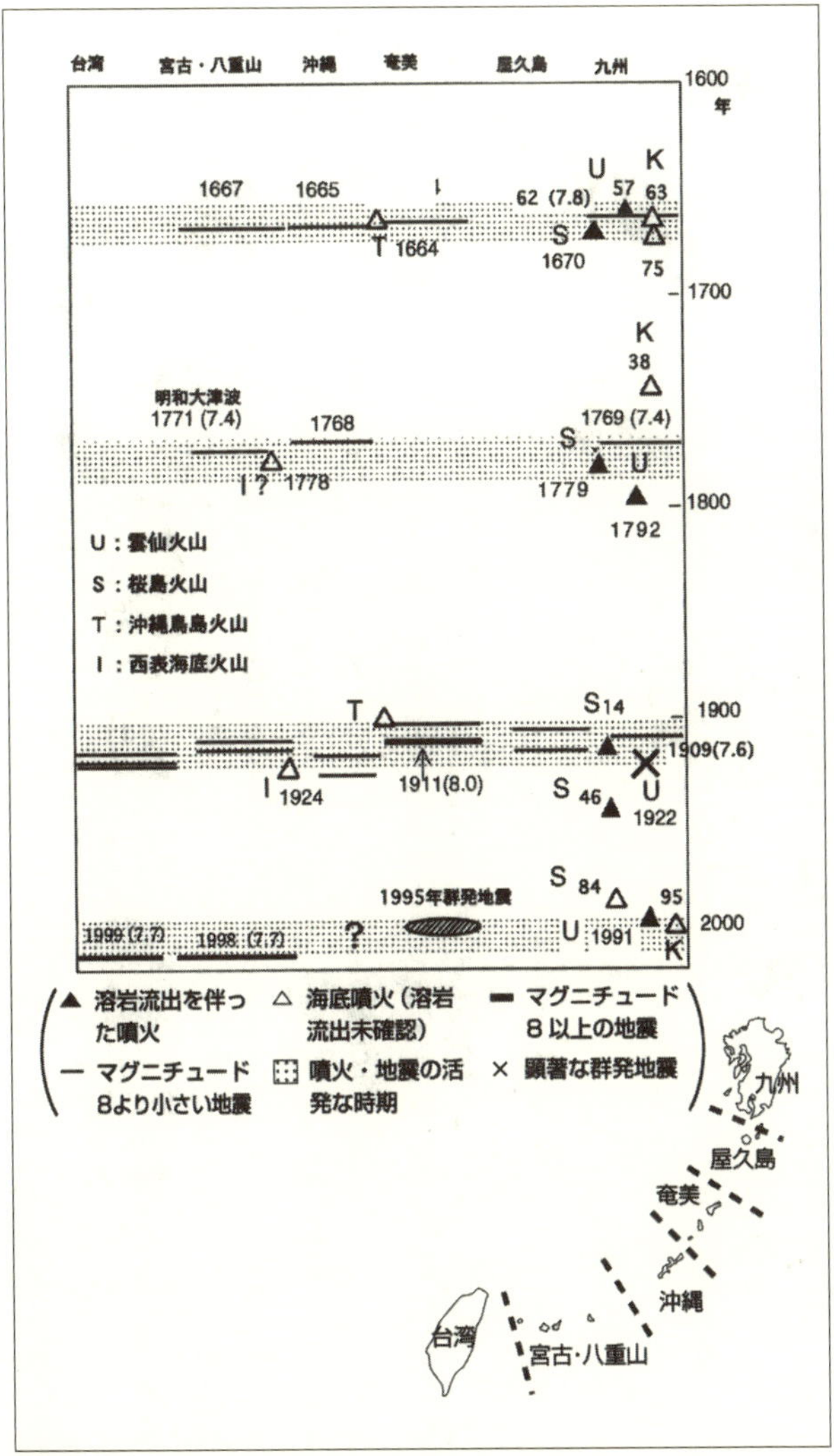


図13　九州―琉球列島の大地震・噴火シリーズ

たとえば、西日本という目でみた場合、その内側である日本海方面で大地震が起こっても、外側は安全だろうと判断できる。

たとえば、少なくとも向こう五〇年は、外側で巨大地震を起こす南海トラフは大丈夫とみていいようだ。

この観点でいうなら、東海地震に対する見方もちがってくるだろう。一九九五年に阪神大震災が起きて、つぎは東海が心配だという人もいるが、これまでの規則性からみるとそうはならないことになる。

阪神大震災は西日本の内側で起きた地震だから、しばらくは南海トラフ型の地震は心配ないというのがこれまでのパターンだ。

もし、それが本当ならば、南海トラフ型である東海地震については、むやみに警戒する必要はなくなってくる。

この傾向は、逆にみることもできる。

つまり西日本の外側で地震が起きて五〇年は、内側は安心できるということになる。南海トラフが割れた最近の例といえば、一九四六年の南海地震である。それからおよそ五〇年後の一九九五年に、日本列島断層の内側である阪神で大地震が起きたのである。

このように日本列島の地震の傾向について、それぞれの周期をみながらでも、いろいろなことが検証できるのだ。

もちろんこの見方だけでは完全とはいえないが、一つの目安として、そうした傾向を研究していくことは、地震の予知につながっていくのである。

さらに地震の周期について知っておく必要があるのは、同じ場所を震源とする地震が数十年に一度起こるわけではないことだ。地震にひんぱんに見舞われる地域でも、震源は何カ所かに分かれる。

いかに地震のメッカ東京とはいえ、東京が五〇年に一度震源地になるのではなく、大被害を出すような震源地になるのは一〇〇年か二〇〇年に一度ということになろう。

# 3章
# 注意すべき六つの火山活動

## 東日本大震災のつぎに来る巨大災害は、富士山噴火？

先の東日本大地震は、日本列島が新たな巨大地震と噴火の時代にはいってきたことを告げるものだった。この大震災のつぎに注意しておくべき災害は、二〇一四年の御嶽山噴火との関連性からも言及してきた富士山噴火であると私はみている。御嶽山の噴火からだけでなく、東日本大地震という巨大地震からの影響を見ても、富士山はいまや、いつ噴火してもおかしくない状態にあると考えられるのだ。

東日本大震災以前から、私は富士山噴火は近いと警告してきた。詳しくは後述するが、3・11の大地震によっても、富士山噴火はさらに迫ったものになっていたといっていい。

これ以降は、東日本大地震という未曾有の大地震が、富士山をはじめとする日本の火山にどういった影響を与えたかという点を主眼に置きつつ、注意すべき火山活動について総点検していきたい。

すでに述べたように、地震と火山噴火は表裏一体の関係にある。地震が先か、噴火が先かはそのときの状況によるが、東日本大地震はまず全国の火山周辺の地震活動を活発化させている。その典型が、東日本大地震の直後に起きた静岡県東部地震である。

二〇一一年三月一一日に東日本大地震が発生し、その四日後の三月一五日に静岡県東部地震が起きている。富士山直下を震源とし、マグニチュードは6・4。震源が一五キロと浅かったため、富士宮市で震度6の揺れを記録している。

その後、富士山に近い神奈川県西部の箱根山周辺で地震が頻発している。三月二一日には神奈川県西部の駒ヶ岳付近を震源とするマグチニュード4・2の地震が起きている。東日本大地震によって、富士山周辺に異変が起きているのだ。

富士山周辺のみではない。関東では日光白根山（栃木県・群馬県）、伊豆大島（東京都）、新島（東京都）、神津島（東京都）、中部では長野県・岐阜県境にある焼岳、乗鞍岳、さらに九州では鶴見岳・伽藍岳《がらんだけ》（大分県）、九重山（大分県）、阿蘇山（熊本県）、中の島（鹿児島県）、諏訪之瀬島（鹿児島県）などの火山周辺で地震が観測されている。

富士山をはじめ火山周辺で地震が多くなったのは、東日本大地震によって日本列島のプレートが動いたからである。いま、日本列島のプレートは、激しく動いている。

それが火山周辺の地震につながっているが、プレートが移動すれば、火山の火口下の「マグマだまり」が圧迫される。「マグマだまり」にはマグマがたまっていて、マグマだまりが圧迫されると、マグマが火口にあふれる。これが、噴火となるのだ。

火山周辺で地震が多くなっているということは、いつ火山噴火が起きてもおかしくないということなのだ。

まず噴火する可能性の高いのは、東日本大地震の震源から近い火山である。それも、三陸沖か房総沖に近い火山である。

東日本大地震では、震源域の北隣の三陸沖北部と南隣の房総沖には断層破壊が起きていない。そのため、三陸沖北部と房総沖には強い圧力がかかっている。

三陸沖北部に近い火山は、北海道の有珠山、樽前山、十勝岳だ。房総沖に近い火山となると、浅間山、伊豆諸島に富士山となる。

富士山が噴火する時期は、早いとみていい。私の試算では、大雑把に言っても、二〇二〇年までには噴火が起きる可能性は否定しきれないとみている。

## 富士山……二〇二〇年までの噴火は避けられないのか

### 富士山噴火と巨大地震は関連する

東日本大地震という超巨大地震が富士山噴火を誘発するのは、歴史的にも説明できる。富士山の大噴火としては、八六四（貞観六）年の貞観の噴火が知られる。

この貞観の噴火に関連するのが、その五年後に発生した三陸沖貞観地震である。東日本大地震から一二〇〇年ほど前に発生したこの地震は、マグニチュード8・3と推定され、このときの津波被害は東日本大震災の津波被災地域とほぼ一致する。

また、富士山最後の噴火は、一七〇七年の宝永噴火である。そして、この四九日前に起きているのが、宝永地震である。宝永地震は南海トラフ沿いを震源とした、いわゆる東海・東南海・南海の連動型地震で、マグニチュード8・4と推定されている。

その四年前の一七〇三年には房総沖を震源とする元禄地震が起きている。元禄地震のマグニチュードは7・9～8・2と推定されている。

このように、巨大地震と富士山の噴火は関連しやすい。東日本大地震という超巨大地震が起こったかぎり、富士山噴火は近いと考えられるのだ。

## 富士山の噴火記録を検証していくと

ここで富士山噴火をよりよく知るために、富士山噴火の歴史をもう少し詳しく振り返りたい。

富士山は一七〇七年に噴火したあと休止期に入っていた。一八五四年に小噴火があったようだが、その後冷え切っている。

しかし、一九七〇年代の後半からある程度活動的になっているようにみえる。大島三原山が噴火した一九八六年から八七年にかけては富士五湖の水位が低下したり、河口湖の一部で天然ガスの泡が発生したりしているのだ。いずれも地下の断層や亀裂の形成を感じさせるものである。

## 富士山活動期は巨大地震発生によって区切られる

つじよしのぶ氏の著書『富士山の噴火』（築地書館、一九九二年刊）に載っている富士山の噴火史をもとに、富士山の活動期を長期的にみてみると、その活動は大きく二つの時期にくくられる（127ページ図14）。前者をⅠ期、後者をⅡ期とすると、それぞれ四〇〇年と二〇〇年ほどの活動期がある。

そして、富士山の活動期については、大地震活動との関係が明らかにみてとれる。というのも、南海トラフ型巨大地震が二度発生するごとに、活動期と休止期がきれいに切り替わっているのだ。

これは、一つ目の巨大地震のためにストレスの集中が起こり、ひずみが蓄積されて噴火がはじまること、そして二つ目の巨大地震でストレスが解放されて、噴火がやんでいくということを示すのだろう。

また、マグマが出てしまうと、つぎにマグマがたまって臨界状態になるまでには、巨大地震二つを発生させるだけの期間が必要だということを示している。

この間、たとえば大島三原山などはマグマだまりが富士山に比べると小さいので、すぐマグマがたまる。

しかし、富士山の場合は、二つの大地震によるひずみの解放によってマグマだまりが大きくふくらみ、そこにたっぷりマグマをためこむため、その後に活動期を迎えた時には、一つの活動期の中で何度か噴火をくり返すことができるのだ。これが、一度噴火しだすと活動期が長くなり、逆に次の活動期に入るまでに長い時間を要する所以だ。

Ⅱ期の活動期が一七〇七年の宝永地震によって終了した後、一八五四年、一九四六年と南海トラフ型巨大地震がすでに二度発生している。これまでのパターン通りに活動期を迎えるのであれば、「Ⅲ期」はすでに始まっているといえるのだ。

ただし、これは従来どおり富士山の下にマグマが順調に供給されていればの話ということにはなるが。

## 富士山の噴火が近いことを示す最新証拠

富士山噴火が迫っていることは、富士山近辺の地震分布を見てもわかる。それが129ページ図15だが、富士山を同心円状に囲むように、地震の活動帯ができあがっている。同心円の真ん中にあるのが、「噴火の目」だ。

噴火の目から放射線状になっている線構造は、マグマの上昇を示すと思われる。富士山のマグマは上がってきており、いまにも噴き出す可能性が大きいのだ。

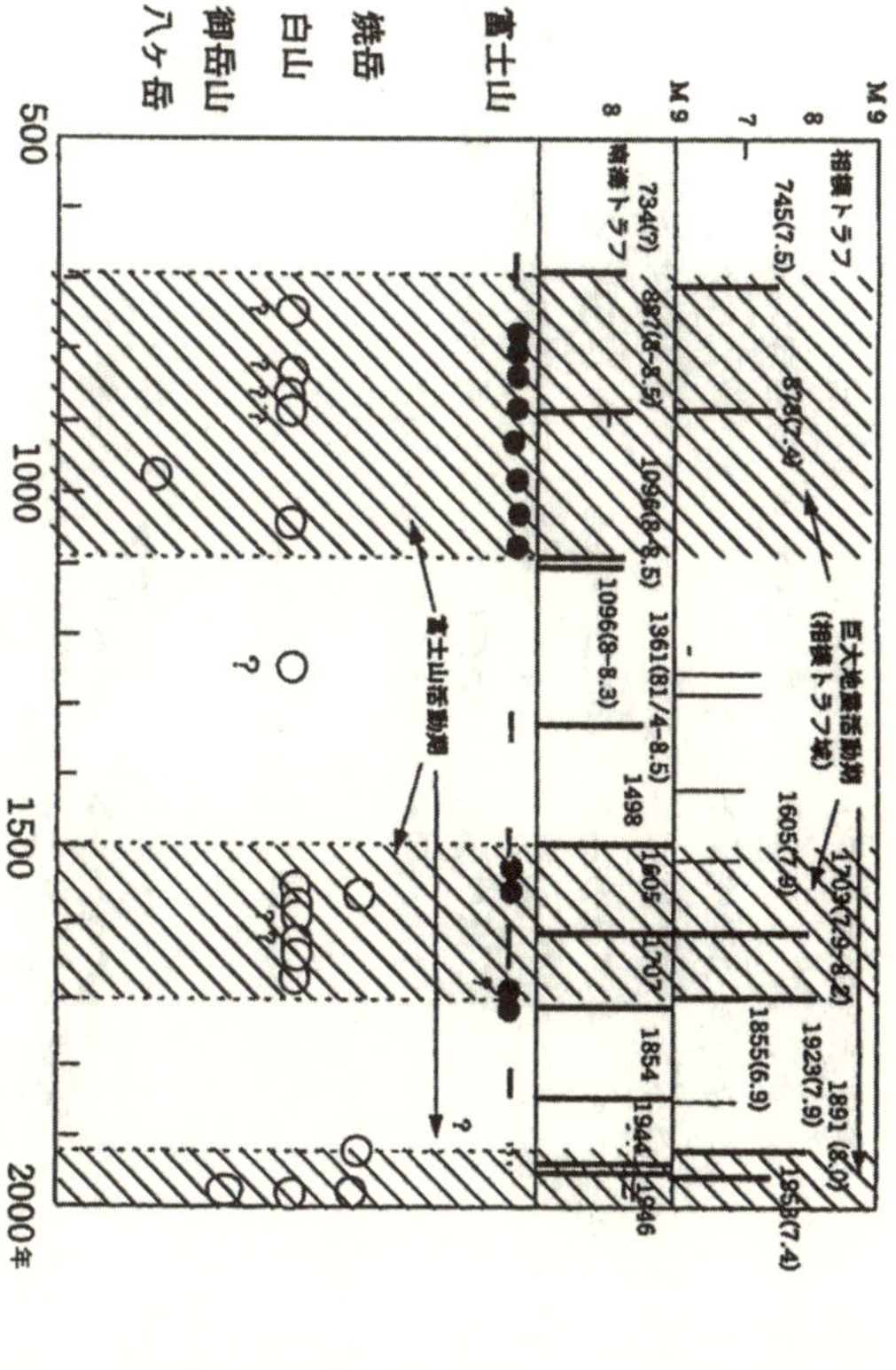


➔ 相模トラフ（上段）、南海トラフ（中段）、富士山をはじめ他の火山の活動（下段）の関係をみると、いま富士山は火山活動期に入ったのではないか。

図14　富士山の火山活動と他の火山、大地震との関係

富士山における噴火の目が立ち上がったのは、一九七〇年代後半頃と把握している。地震の場合、地震の目が立ち上がってから三〇年後＋－三年で本震となるが、火山噴火の場合、マグマの動きが関係するため経験則からいえば、これに五年を加算する。

つまりは、噴火の目が立ち上がってから三五年後＋－三年で噴火となる。そういった計算を元に、私は富士山噴火は遅くとも二〇二〇年までに起こると試算してきたのだ。

また、富士山周辺での地震を東海地震の前触れと受け取る人もいるようだが、そうではない。東海地震はプレート境界で起きるのだが、富士山周辺の地震はプレート境界型とは異なるのだ。この点については、気象庁も明確な見解を出している。

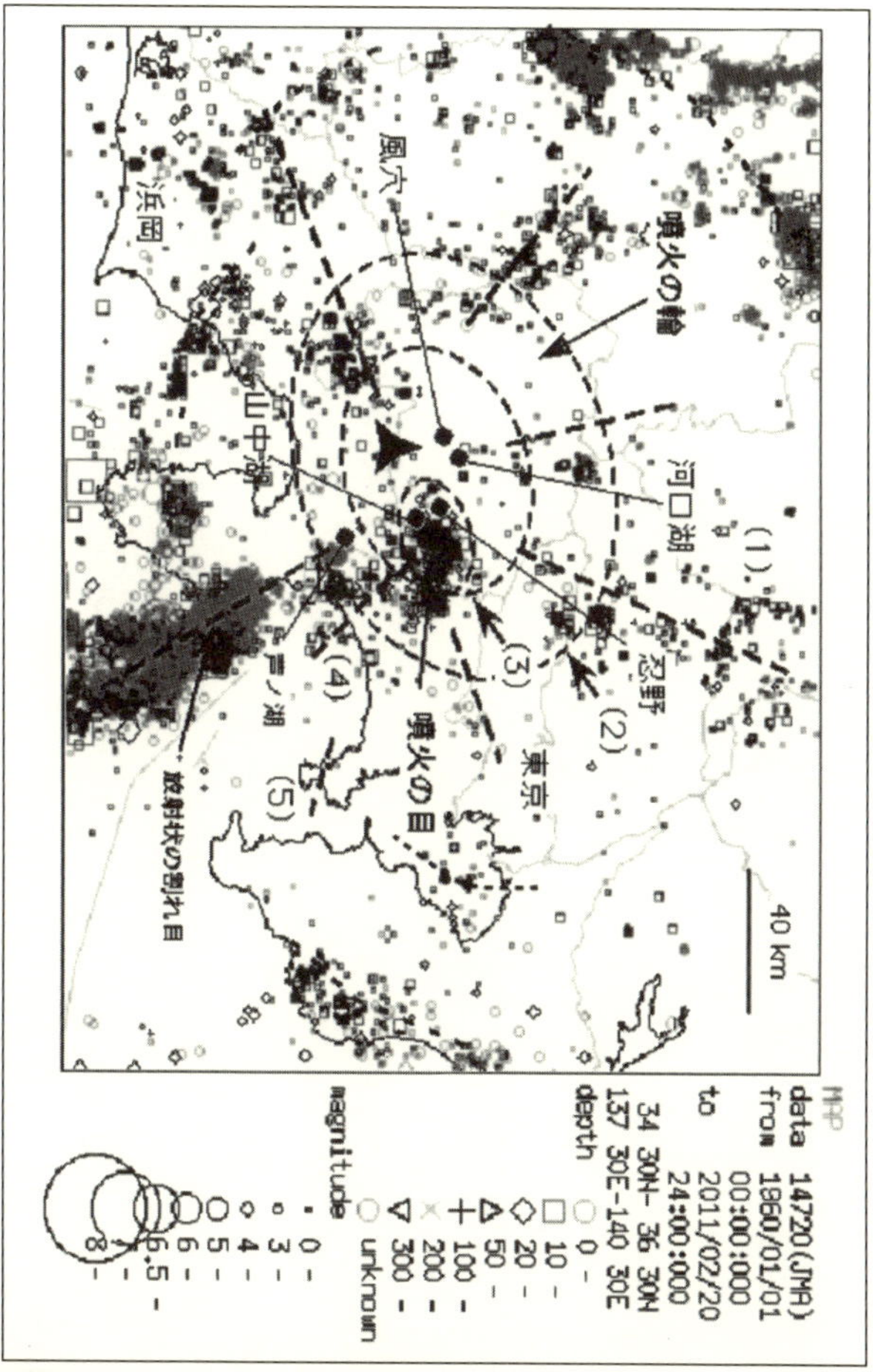


図15 富士山（▲）周辺の地震活動（20㎞以浅）。放射線状の線構造は、マグマの上昇を示す!?⑴平井—櫛挽断層帯、⑵立川断層帯、⑶伊勢原断層帯、⑷神縄、神津—松田断層、⑸三浦半島断層群主部。

## 蔵王山……御釜の白濁という異常事態から想定されるもの

二〇一四年一〇月、山形・宮城県境にかかる蔵王山の「お釜」が二度、〝白濁〟した。普段はエメラルドグリーンが映える美しい山上湖が白く濁る事態は、七四年前に小規模ながら噴火が起こった際にも確認されている。これだけでも異常事態であることに変わりはないのだが、なんと、二〇一三年一月以降、多くの火山性微動も確認されているのだそうだ。

こういった事態から鑑みて、火口底は上昇していると思われる。つまり、噴火する時期はそう遠くはないと考えられるのだ。

## 雲仙普賢岳……火山活動は終息しても、巻き起こす地震はまだある

一九九一年に、有史以来最大といわれるほどの巨大噴火をした雲仙普賢岳だが、いまは噴火も収まっている。

この普賢岳の大噴火こそは、その後、西日本から台湾を襲った大地震に対する警告であった。

普賢岳は日本列島断層の上にあるが、その延長上に九五年の阪神大震災は発生した。普賢岳から阪神大震災の震源までは四九〇キロも離れているが、阪神大震災の直後から、普賢岳は急速に静かになっていく。

また、二〇〇〇年に起きた鳥取県西部地震も、普賢岳噴火の影響とみられる。私はここでの地震発生を一九九五年+-として予測していたが、二〇〇〇年に地震は発生した。

普賢岳は平成の大噴火以前には、一六五七年にも噴火を起こしている。

この五年後の一六六二年に、日向灘でマグニチュード7・6の地震が起きているという過

去もある。

この事実を受けて、『これから注意すべき地震・噴火』（木村、二〇〇四年）では、「実際のところ、九州周辺ではとくべつ大きな地震はまだ起こっていない。普賢岳の噴火からの時間経過からすれば、そろそろ九州で地震が起きてもおかしくはない」と指摘した。

この後、二〇〇五年に福岡県西方沖でマグニチュード7・0の地震が発生した。

## 阿蘇山……活発化し始めた火山活動

二〇一四年一一月二七日、阿蘇山にて約二二年ぶりのマグマ噴火が確認された。

以前から活発化してきていると取り沙汰されていたため、「噴火の目」はないか調べてみたところ、一時「噴火の目」は判然としなくなってはいた。

しかし、二〇一〇年付近に地震回数が増えたことや、一九七五年に噴火の目が立ち上がっていたことから、私は前著『いま注意すべき大地震』にて、一九七五年の三五＋－三年後、つまり「二〇一〇年＋－三年ごろ噴火してもおかしくない」と指摘していたのだ。やや誤差はあったものの、現実になってしまったといえる。

## 霧島連山……近年と異なる噴火の様相は何を物語る？

二〇一一年一月二六日、霧島火山の新燃岳《しんもえだけ》が五三年ぶりに噴火活動を開始した。今回の噴火は、近年の噴火と様相を異にしている。

顕著なのは、火口底の上昇である。噴火前には火口縁から三〇〇メートルほど下に旧火口底があり、旧火口底中央部には池ができていた。

ところが、二月一日の噴火活動によって、地下深部から上昇してきたマグマが旧火口底を満たして、溶岩ドームを埋め立ててしまった。マグマの上昇により旧火口底は平坦となり、さらには火口底が浅くなっていった。

火口底は七日間で一五〇メートル上昇し、火口底の深さは火口縁からおよそ一五〇メートルになり、さらに上昇を続け、一千万立方メートルを超す溶岩の上昇が推定される。したがって、火山活動としては大噴火活動に達したとみてよいと思われる。

マグマの上昇率から推測するならば、噴火活動は主噴火の初期である。これから、火山活動が一段と活発化する可能性もある。そうしたら、火砕流の発生の可能性も否定できず、今後の十分な観察が必要だ。

また、二〇一四年一〇月には、同じ霧島火山の一つである硫黄山で小規模な噴火の可能性があるとして、同山の火口から半径約一キロ圏内の入山が禁止されている。

こうした新燃岳の噴火や硫黄山の動きは、九州に地震を呼ぶことにもなりそうだ。すでに地震の目は、形成されつつある。

予想される震央は、鹿児島県志布志湾の南東、種子島の東方（またその付近）で、時期は二〇二〇年＋－五年である。マグニチュード７＋の規模となるだろう。まだ少し先だが、注意は必要だ。

## 桜島……日向沖の地震には注意

桜島は現在も噴煙を上げ続けているが、大噴火の兆候はない。どうやら桜島の場合、ピークは過ぎたようである。

ただし、三宅島と同様第三段階（P3）の地震回数が急増しているので、付近の大地震活動が気にかかる。だいたい桜島の下は溶岩が詰まっているというより、ガス成分が多いと推測できる。

当分は桜島から溶岩が流れ出るような事態にはならないだろう。

しかし、ガス成分が多いため、ときどき火山灰を噴き出すことになる。圧力がかかってきても、ストレスが効率よく抜けると火山灰がよく出るようだ。

いまのところ桜島は、ストレスをため込みにくいのだ。ただ、桜島周辺での大地震については気になるところだ。

桜島の極大期は、八四年のころで、それまでの一〇年間で火山灰の総噴出物量からいえば、巨大噴火に達している。このときが第二段階（P2）であった。

この大噴火を生んだエネルギーが、桜島周辺で抜けたかどうかは、はっきりしないのである。

その意味で心配なのは、空白域の残っている日向灘や川内《せんだい》付近ではないだろうか。

# 4章

# これから10年、警戒すべき六つの地震エリア

## 東海地震・東南海地震……すぐに起きる可能性は低い

二〇〇九年の駿河湾地震で、東海地震のストレスは完全に抜けた

東日本大震災後、次の超巨大地震としてマスコミによく登場しているのが、マグニチュード８クラスが想定される東海地震だ。

東日本大地震でプレートが大きく動いたため、東海地震の震央が刺激され、すぐにも東海地震が起きるような言い方をする人もいる。東日本大地震が多くの断層を破壊したように、東海地震が起きることで、東南海地震までが連動するのではないかという懸念も取り沙汰されている。

東海地震への懸念は、日本全体を動かしていると言えるだろう。

３・11発生当時の菅直人首相は、中部電力に静岡県の浜岡原発の原子炉を停止するよう要請し、現実に浜岡原発は停止となった。

その根拠となったのは、政府地震調査委員会の見解である。これによると、今後三〇年以

内に東海地震が発生する確率を八七パーセントとしているのだ。

ならば、たしかに浜岡原発を停止させる必要があるかもしれないが、本当に差し迫った巨大地震なのだろうか。

過去を振り返るなら、東日本の巨大地震と東海・東南海地震が連動したかに見えたことはある。先の東日本大震災と同じくらいの津波被害を出した八六九年の貞観地震がそうだ。

一八年後の八八七年に、南海トラフ沿いを震源とする仁和地震が発生している。これは、東海・東南海地震の連動型で、マグニチュードは8～8・5と推定されている。

けれども、先の東日本大震災の影響で、すぐに東海・東南海の連動型地震が発生する確率はかなり低い。なぜなら、東海沖に「地震の目」は出ていないからである。

東海地震がすぐに起きる可能性の低いことは、拙著『これから注意すべき地震・噴火』でも指摘した。現在のところ、前回の指摘をさらに強化できるくらい、地震発生の確率は低い。

もともと東海地震が懸念されてきたのは、東海沖に空白域があるからだ。一〇〇～二〇〇年におきに巨大地震を起こしてきた南海トラフには、三つの空白域がある。和歌山・四国沖と三重・愛知沖、もう一つが駿河湾沖、つまりは東海沖である。

このうち和歌山・四国沖と三重・愛知沖は一九四〇年代に割れ、南海地震、東南海地震という巨大地震を引き起こした。割れ残ったのは、東海沖にある空白域だけである。

そのため東海地震に関しては、他の地域の地震と比べて格段と綿密な観測態勢が敷かれている。国が地震を予知しているのも、この地域のみである。

加えて一九九〇年に東海はるか沖地震が起きてから、「ドーナツ現象」が認められるという見方もあるが、私はすでにこの地域のストレスは抜けているとみている。空白域は形成されていないのだ。

じつは、一九四〇年代に南海トラフ沿いに巨大地震が連動したとき、若狭・伊勢構造線上でも地震が起きているのだ。一九四五年にはマグニチュード6・8の三河地震、一九四八年にはマグニチュード7・1の福井地震が起きている。

それ以前、一八九一年にはマグニチュード8・0の濃尾地震が起きている。巨大地震・濃尾地震によって、死者七〇〇〇人を超える被害が出ている。

濃尾地震と一九四〇年代の若狭・伊勢構造線上の大地震によって、東海沖のストレスは抜けてしまっているのだ。

加えて、二〇〇九年八月一一日に駿河湾地震が発生した事実は大きい。

駿河湾地震はマグニチュード6・5の規模であり、死者一人を出したが、これにより東海沖に残っていたストレスはほぼなくなり、東海型巨大地震の危険性は一段と減少したとみているのだ。

## すぐに来ない東海地震に目を奪われることが、もっと危険

東海地震が迫っていないことに関しては、東海・東南海・南海地震の癖からも説明できる。東海・東南海・南海地震は、ほとんどが連動する。二つの地震が連動するときもあれば、三つの地震が短い期間に続けて発生することもある。

たとえば、一八五四年の安政東海地震と安政南海地震はともにマグニチュード8・4を記録しているが、その時間差はわずか三二時間である。

東海・東南海・南海地震は二つか三つが連動して起きやすい地震であり、今、東海地震が起きれば、東南海でも地震が起きる可能性は高い。

ところが、東南海地震を起こす三重・愛知沖には、いまのところ巨大なストレスはたまっていない。南海地震を起こす四国・和歌山沖にも、巨大なストレスはたまっていないようにみえるのだ。

東南海と南海で巨大地震が起きたのは、一九四〇年代である。南海トラフにおける巨大地

震の発生周期は一〇〇～一五〇年であり、それを頭に入れるなら、南海トラフで巨大地震が起きるのは二〇四〇年以降である。

東海地震も二〇四〇年以降なら発生の可能性はあるが、いますぐに起きる可能性は低いとみている。

逆に言うと、東海地震の危険性に目を奪われるほうが、ずっと危険である。東海が危ないと叫んでいるうちに、一九九五年には阪神大震災という予測しない地震が発生した。そうして二〇一一年には、東日本大震災を体験した。

これは、東海地震にとらわれてきた代償でもある。いま、東海地震にあまりにこだわっていると、また思いもよらぬ災害を体験することになりかねない。

## 三陸大地震……東北にマグニチュード8クラスの地震再来はあるか

東日本大震災後、東海地震とともに大きく懸念されているのが、東北での巨大地震の再来である。

一部の専門家は、東北太平洋沖でマグニチュード8クラスの巨大地震が発生し、ふたたび東北太平洋岸に津波が襲来すると警告している。

これが、いわゆる「アウターライズ」大津波説である。「アウターライズ」とは「外縁海膨」とでも訳す、日本海溝の東側の高まりのことである。太平洋プレートが日本列島にぶつかったためにできた、海底の高まった地形のことだ。

今度はこのアウターライズで、マグニチュード8クラスの巨大地震が起きて、大津波を発生させるという懸念が、海外の学者からも言われている。

けれども、東北にアウターライズ地震が起きる危険性は低い。すでにアウターライズでは、マグニチュード7クラスの地震が発生してしまっているのだ。

二〇〇七年、国際会議の中で私は仲間たちと、東北太平洋沖に巨大地震が起きる危険性を指摘した。それが、二〇一一年三月一一日に東日本大震災として現実化したが、このときにアウターライズでもマグニチュード7クラスの地震が起きていたのだ。これにより、アウターライズのストレスは抜けたとみていいのだ。

実際、「地震の目」を見ても、アウターライズに巨大な地震を起こすほどの目は形成されていない。マグニチュード7クラスの地震を起こす力もないから、マグニチュード8となると、ありえない。

もちろん、今後もデータを入れて再検討を続けなければならないが、少なくとも向こう三〇年間はアウターライズでの巨大地震・津波の発生は考えにくい。

## 南関東の地震危機……三宅島・三原山の小噴火後が要注意

### 南関東を襲う巨大地震は近いか?

東京をはじめ関東一円の人がつねに警戒するのが、関東の大地震である。先の東日本大地震は関東の地震を活発化させたと考える人たちもいるだろうが、現実にはどうだろうか。

東日本大地震の有無にかかわらず、関東では地震のタネが尽きない。とりわけ取り沙汰されるのは南関東のプレート境界型の巨大地震の可能性だが、それについては、大島三原山との関係、さらには東北の地震活動から読みとれる。

南関東で地震が起こるパターンには、ある一定の規則性のようなものがあるのだ。まず東北、北海道での地震のシリーズが終わり、つぎに三宅島や大島三原山が小噴火する。そのあとにやってくるのが、南関東の地震である。

これは、東北・北海道方面での大地震シリーズが終了し、関東以西に大地震シリーズが移っていくと思われるのと一致している。

たとえば、一九二三年の関東大震災の際にも認められた構図である。三原山が先に大噴火した数年後、一九一八年に北海道、東北で大地震のシリーズが続く。マグニチュード8・0と7・7のものが続いたあと、休止していた三原山が小噴火を起こした。このあとに関東大地震がやってきたのである。

一九五三年の房総沖地震でも、これは同じである。三原山が先に大噴火したあと、五二年にマグニチュード8・2の大地震が十勝沖を襲った。そのあと三原山が小噴火し、房総沖地震に至るのである。

では、今回はどうかというと、八六年に三原山が大噴火をしている。九三年から九四年にかけては、北海道、東北を大地震が襲っている。マグニチュード7・8が二度、マグニチュード8・1が一度だ。

この北海道、東北の地震シリーズは、一九九二年に東北沖で発生した〝ゆっくり地震〟後発生しだしたのだが、同じ年、房総沖でも〝ゆっくり地震〟が発生しているのは意味ありげである。通常その後、その付近で通常の大地震が発生しやすいからだ。

すでに三原山の大噴火と東北の地震シリーズは終わっている。つぎに三原山が大噴火すれば、そのつぎに来るのが南関東の大地震となる。その前には、三原山の小噴火があるかもしれない。

## 首都圏直下型地震

東京や横浜の地殻をたち切り、巨大被害をもたらすような活断層型の地震が発生する地域だが、近い将来その可能性は低いとみていいだろう。

このタイプといえば、マグニチュード6・9の安政の大地震が有名だ。マグニチュード6クラスで死者一万人を出したのだから、それは不気味ともいえる。

ただ、このタイプの直下型地震は、相模トラフ（プレート境界）型巨大地震活動期（150ページ図16）の動いていないときに起こるとみられる。

一時、東京湾北部に地震の目のようなものができていたが、東日本大地震のためかこの目は二〇一一年三月以降消え去っている。

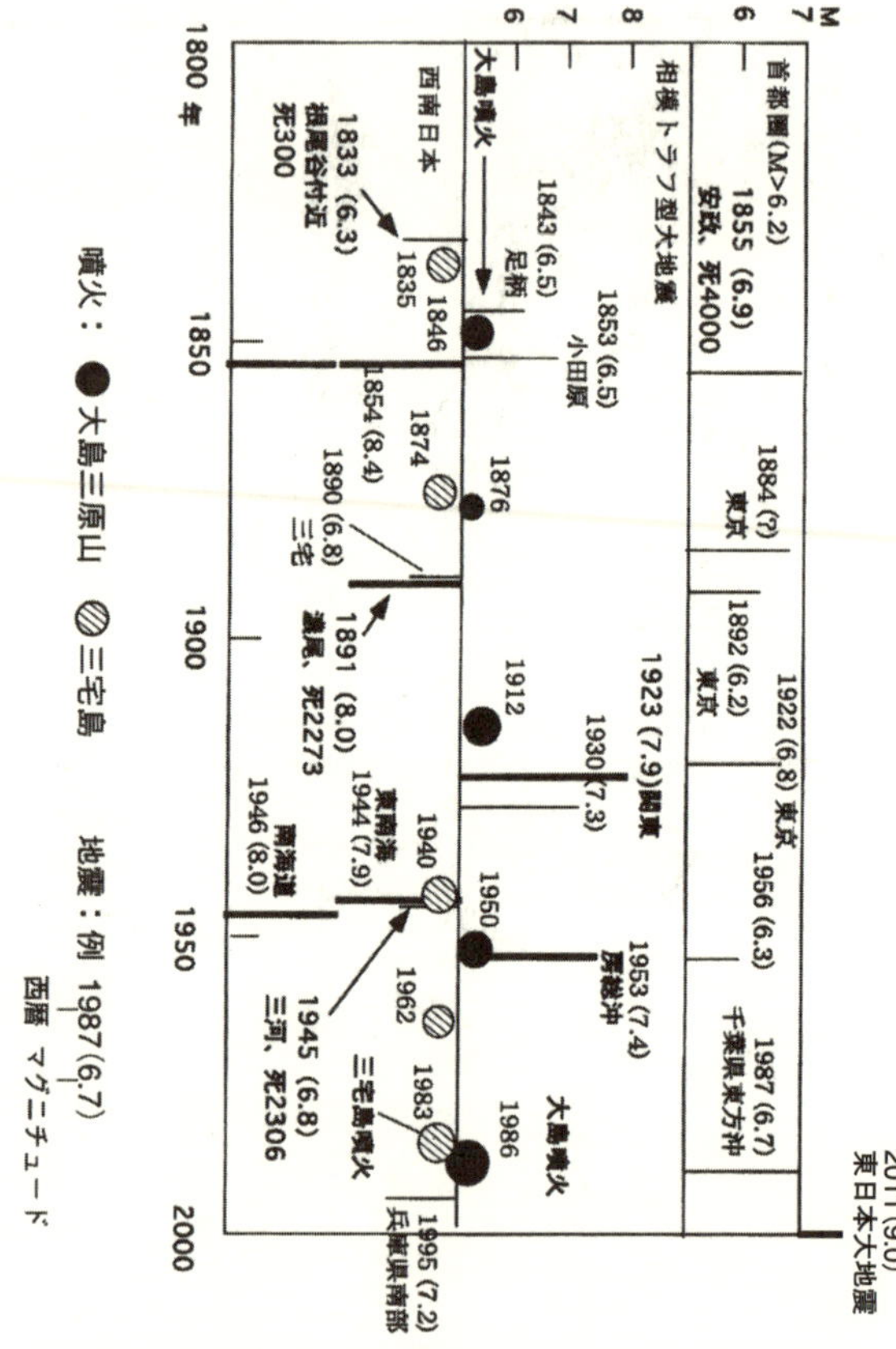


➔ 相模トラフ型大地震の発生2〜3年前後に首都圏直下型地震が発生している。房総沖に予想される大地震の前後は注意。

**図16** 首都圏直下型地震はどういうときに発生するか

## 九州中部の地震危機……内陸にストレスがたまっている？

雲仙普賢岳の噴火が収まった九州では、いまのところ大きな地震は起こっていない。ただ、これからは周辺の大地震に気をつけるべき段階である。

実際のところ、一九九一年にはじまった雲仙普賢岳の噴火は、有史以来最大といわれる大噴火によって、溶岩ドームまで形成している。

その大きいストレスは九五年の阪神大震災などでかなりの部分は解放されているとはいえ、その後Ｐ３が明らかにみえる。つまり、ストレスはまだ残っている可能性がある。

さらに噴火と地震の時空ダイアグラムに照らしてみるなら、時間を経るほどより雲仙普賢岳に近いところで地震が起きる可能性が高まってくる。雲仙普賢岳に近い九州内陸部も要注意である。

とくに九州中部の西側内陸部では、ここ数年地震活動が起こっている。ここには臼杵―八代構造線という断層があるが、これは中央構造線の延長線部分である。

いわば、日本列島断層の一部にあたっている。

雲仙普賢岳の噴火以来、日本列島断層は活動的になったため、九州ではこの部分で大きな地震が起こらないともかぎらないのだ。

なぜならばいま注意したいのは、日本列島断層のような内側部分だからである。阪神大震災でも内側が割れたことを考えれば、内側に大地震が来ないともかぎらないのだ。

## 南西諸島（琉球）海溝北東域の地震危機……沖縄本島沖にも空白域

### 八重山のストレスは抜けたようにみえるが

二〇一一年の東日本大震災を忘れる方などいないと思われるが、じつは二〇一〇年から二〇一一年にかけて沖縄でも地震が起きていた。

二〇一〇年二月二七日には沖縄本島南東沖でマグニチュード7・2の地震が起きている。日本海溝付近のユーラシア・プレートで発生した地震で、沖縄本島の糸満市では震度5強の揺れを記録している。

沖縄本島で震度5以上の揺れは、一〇一年ぶりのことだ。

つづいて二〇一一年一一月八日には沖縄本島北西沖でマグニチュード6・8の地震が起きている。宜野湾市、糸満《いとまん》市では、震度4の揺れとなった。

これは、私の懸念が当たったことになるかもしれない。拙著『これから注意すべき地震・噴火』でも、沖縄本島周辺が空白域になっていることを警告した。それが、現実になったともいえるのだ。

沖縄は、いま活動的な日本列島断層とフィリピン海プレートの西の境界にあたる南西諸島海溝にはさまれた危険地帯である。

とりわけ、沖縄本島周辺は、空白域となっていたのだ。

沖縄本島での被害地震の記録は、一六六五年、一七六〇年、一七六八年とある。この地震によって、城や寺の一部が壊れたりしている。

また一九〇九年にはマグニチュード6・2の地震によって、死者が一人出ているほか、家屋が半壊もしている。一九二六年にも、那覇で震度4の地震が起きている。

沖縄では地震の揺れによって一つの島の家屋が全壊するほどのダメージを受けたことはない。軽視できないのは津波である。一七六八年の地震でも、一メートルの津波が発生し、民家に損害を与えている。

このときの津波などはまだ小さいもので、じつは沖縄はギネスにのる世界一の大津波に見舞われている。それは八重山である。

一七七一年の明和の大津波を起こした地震は、マグニチュード7・4程度の規模だった。震源は石垣島の南南東約四〇キロほどの海底で、これが海底地滑りを起こしたと思われる。

石垣島の東南岸は津波の直撃を受けることになり、古文書によれば、宮良《みやら》村では八五メートルにも達し、ほかの村も六〇メートル、五六メートルといった巨大な津波に襲われたとある。

このギネス級の大津波によって、一万人以上の犠牲者を出しただけではない。全壊家屋も二〇〇〇近かったのである。

その過去があるから、一九九八年のマグニチュード7・7の八重山沖地震ではヒヤリとしたものだ。その地震に関していうと、そこは空白域となっていた。一七七一年の地震によって津波の被害を受けたあとは、何の地震の記録もなかった。

二〇〇年以上にわたって地震がなく、島の人々は、明和の津波は昔の話でいまは関係ないという。

しかし、前述したように私の予想では二〇〇〇年前後にマグニチュード7・0〜7・4の地震を想定していた（木村、『噴火と地震—揺れ動く日本列島』徳間書店・一九九二年、221〜222ページ、木村、『大地震期第三の予知』青春出版社刊、217ページ）が、現実にマグニチュード7・7の地震となって的中したのである。

ともかく、八重山沖地震でも海底で地滑りが起き、明和の悪夢のような津波を引き起こさないかと心配したが、そうはならなかった。これは、不幸中の幸いである。

この八重山沖地震では地震発生後、付近で群発地震が活発化することはなかった。八重山周辺の地震については、これでストレスが抜けたかどうか断言できないところだ。

また、津波の懸念についていうと、沖縄本島とその周辺にかぎっては、明和の大津波のような巨大津波に巻き込まれる心配は少ないだろう。

地殻構造をみても、大規模な海底地滑りの痕跡が見当たらない。このままであれば巻き込まれるにしても、そう大きな津波にはならない。これまでにも那覇の桟橋が流されたといった津波の被害があり、その程度の覚悟は必要だろう。

近年、海底ケーブルを使ったＶＥＮＵＳ（ビーナス）計画や海洋科学技術センターの潜水船を用いての調査、研究の際、沖縄本島沖海底下にガスハイドレート層（くわしくは１８５ページ参照）がある可能性がみつかった。もしそうであるなら、将来大きな海底地滑りの可能性もあり、油断できない。

沖縄の海底にある〝海底都市〟のような構造物は、大地震とこのガスハイドレート層の影響もあって広範囲に水没したのかもしれない。

さて、沖縄本島周辺については、二〇一〇年と二〇一一年の二つの地震でストレスが抜けたかにみえる。しかし、完全に抜けきったかどうか断定はできず、まだ注意が必要だ。

沖縄に関して私がハラハラするのは、地元が地震に対して無防備だからだ。沖縄には、火山がない。火山噴火と地震が関係あるとすれば、沖縄には火山がないから、沖縄には地震もないという理屈にもなる。そのため、地震は来ないだろうと無防備になってしまっているのだ。

けれども、沖縄はプレート境界にもあり、いつ地震が起こってても不思議ではないのだ。私自身、沖縄の地震に関しての認識を変えようと、国や沖縄県に提言をしているところだ。

## まだ不気味さの残る西表島周辺域

西表島周辺域については、まだ危機をはらんでいる可能性もある。2章で述べたように、八重山沖地震、台湾大地震は西表島の群発地震との関連でとらえることもできる。

西表島で群発地震がまた起きるようなら、もう少し震源の近いところで大地震があると考えられる。その点の注意は必要だろう。

さらに沖縄周辺について懸念するなら、大地震の周期が近づいていることだ。南西諸島の大地震のシリーズ（115ページ図13参照）は一〇〇年に一度みられるのだが、これは南海トラフが割れる東海地震タイプが起きたあと、およそ五〇年前後の周期で起きている。

一番新しい東海地震のタイプというと、一九四〇年代の大地震である。一九四四年にマグニチュード7・9の東南海地震、四六年にマグニチュード8・0の南海地震が起きている。それからすでに六〇年以上たつだけに、そろそろその周期がまわってきてよいため不気味ではあるのだ。

ただ、内側の日本列島断層が活発になっていることを考えるなら、沖縄の大地震についてのこれからの展開は予想のむずかしいところであろう。

南西諸島の内側の日本列島断層は沖縄トラフの中軸部に一致するからだ。

## 長野周辺の地震危機……長野県北部地震は、警告どおりに起きたが

二〇一一年三月一一日の東日本大震災の直後、もう一つの衝撃となったのは、長野県北部地震だ。

翌一二日午前四時前に発生、マグニチュード6・7を記録したのち、マグニチュード5以上の余震を二回発生させた。震度6強の揺れとなった栄村は孤立した。

そして、三年後の二〇一四年一一月二二日には、同じく県北部で、マグニチュード6・7の地震が発生している。

長野県の地震に関しては、私は前著『いま注意すべき大地震』で警告していた。もともと、長野周辺は火山も多く、地震のストレスをためこみやすい地域である。過去にも、大きな地震が起きているからだ。

過去を振り返ると、一八四七年にはマグニチュード7・4の善光寺地震が起きているし、一九八四年にはマグニチュード6・8の長野県西部地震も起きている。

善光寺地震では火災もあって八〇〇〇人ともいわれる死者が出たし、長野県西部地震では土石流などによって二九人の死者が出ている。

二〇〇〇年代に突入してのち、長野周辺は大きなストレスをため込んでいると言ってよかった。

一九八三年には新潟焼山がP2とみられる噴火をし、同年に草津白根山が噴火している。さらに七九年には白山と御嶽山が噴火、八二年には浅間山が噴火している。新しいところでは、九五年に焼岳が噴火しているし、二〇一四年には御嶽山が再び噴火している。

これらの噴火に対応する地震があまりみられないだけに、ストレスはまだ解放されていないと思っていた。そこに起こったのが、二〇一一年と二〇一四年の長野県北部地震だったのである。

長野周辺には、地震の空白域が三つある。一つは、糸魚川から静岡にかけての構造線上にある長野構造線空白域だ。

また長野構造線空白域の西には、飛騨空白域もある。この両方はともに日本列島断層沿いにある。そして飛騨空白域の南には、岐阜断層帯空白域がある。

長野周辺地域は、過去に大きな地震を起こしてきた。一七五一年には、新潟でマグニチュード7・4、一八五八年には飛騨空白域でマグニチュード7・1の地震を起こしている。

また、岐阜断層帯空白域の少し北では、一八九一年にマグニチュード8・0の巨大地震も起きている。

このように、この地域は一世紀ごとに地震を起こしてきたが、その後、起こっていない。内部でエネルギーがたまっていることは、たしかだったのだ。二〇一一年の長野県北部地震では、新潟内陸の南にあった空白域が震源となった。

ただ、長野周辺のストレスが、二〇一一年の地震ですべて抜けたわけではなかったのだ。その証拠に、二〇一四年には御嶽山で噴火が起こり、同年一一月には長野構造線のすぐ北で地震が発生している。

ただ、これで安心というわけでもなく、長野周辺の地域は引き続き通常地震には注意しておいた方がよいだろう。

# 5章

# その他の要注意区域をオール・チェック

## 北海道……千島列島での大地震による津波に注意

一九九〇年代前半に多発した北海道の地震活動からみると、一つのシリーズは終結している。

たしかに九〇年代前半、北海道は大きな地震につぎつぎと見舞われた。九三年には釧路沖でマグニチュード7・8、北海道南西沖で同じくマグニチュード7・8の地震が起きた。とくに北海道南西沖地震は、奥尻島に大打撃を与えた。翌九四年には、マグニチュード8・1の北海道東方沖地震が発生している。この連続した大地震で、北海道にたまっていたストレスは抜けたようである。

二〇〇〇年三月、有珠山が噴火した北海道だが、これから注意が必要なのは火山活動だろう。こうなると、ふたたび、火山噴火の第一段階（P1）が来るわけだ。

東日本大地震は、北海道の火山を活発化させたと思われる。震源の北隣である三陸沖北部は破壊されておらず、ここに圧力が増している。そのストレスが、北海道の火山を噴火に

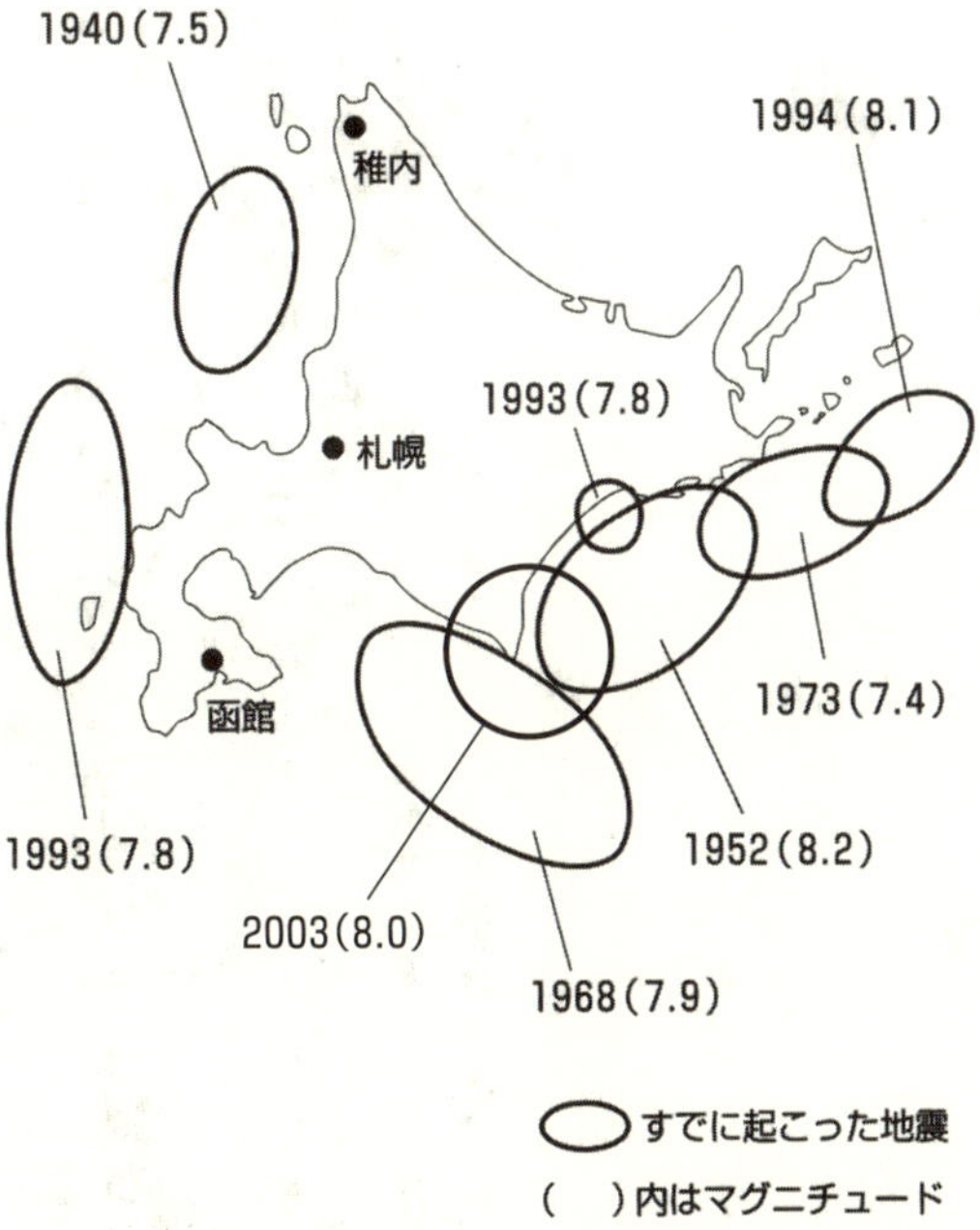


➔ ***北海道には推定される第2種空白域はほとんどなくなった。データは少ないが、日本海側からサハリンにかけてと遠くカムチャッカ周辺には空白域がみられる。***

図17 〈北海道〉注意すべき空白域

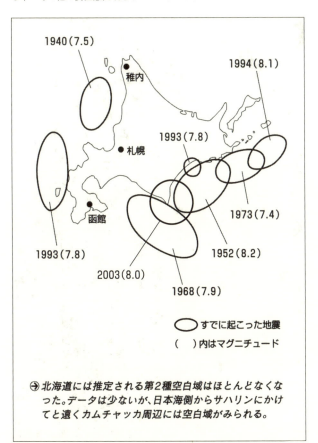

誘導する可能性は否定できない。

第一段階（P1）については、ここ一〇年くらい観察が必要になってくるだろう。有珠山、樽前山《たるまえ》、十勝岳などには注意が必要だ。

また、北海道では津波に対する警戒も促したい。世界的に巨大地震の時代を迎えたいま、日本列島を震源としない地震でも、日本列島に災いをもたらしかねない。

北海道の北方、カムチャッカ半島から千島列島で巨大地震が起きた場合、北海道の沿岸地区が津波に襲われる危険性は捨てきれない。

二〇〇〇年代にはいって、千島列島では巨大地震がつづいている。二〇〇六年にはマグニチュード7・9の千島列島東方地震、二〇〇七年にはマグニチュード8・2の千島列島東方地震が起きているのだ。

## 東北……秋田沖には注意が必要

二〇一一年の東日本大震災は、「想定外」ではなく、じつは想定可能だったものであることはすでに述べた。

東北太平洋沖で、東日本大地震に続くマグニチュード8クラスの地震があるのではないかという説に対しては、4章で反論している。日本海側はどうだろうか。

一九八〇年代から九〇年代前半にかけて、東北の日本海側は大きな地震に襲われた。一九八三年にはマグニチュード7・7の日本海中部地震が起こり、津波などによって一〇〇人を超える死者・行方不明を出した。

その東北日本海側も、九〇年代の前半で第三段階の地震活動期は終わっているとみられるが、じつは、秋田沖に空白域が残っているのだ。微妙なところである。

秋田沖の空白域は、つぎの東北における地震シリーズがはじまったら要注意となる。現在、岩手山の不穏な動きには注意を払う必要がある。

またもう一つの指標となるのは、秋田駒ヶ岳と鳥海山の噴火だろう。

秋田駒ヶ岳は一九七〇年に溶岩を噴出させる大噴火を起こし、鳥海山はその四年後に噴火している。

これらの火山が活動期を迎えると、注意が必要になってくるだろう。

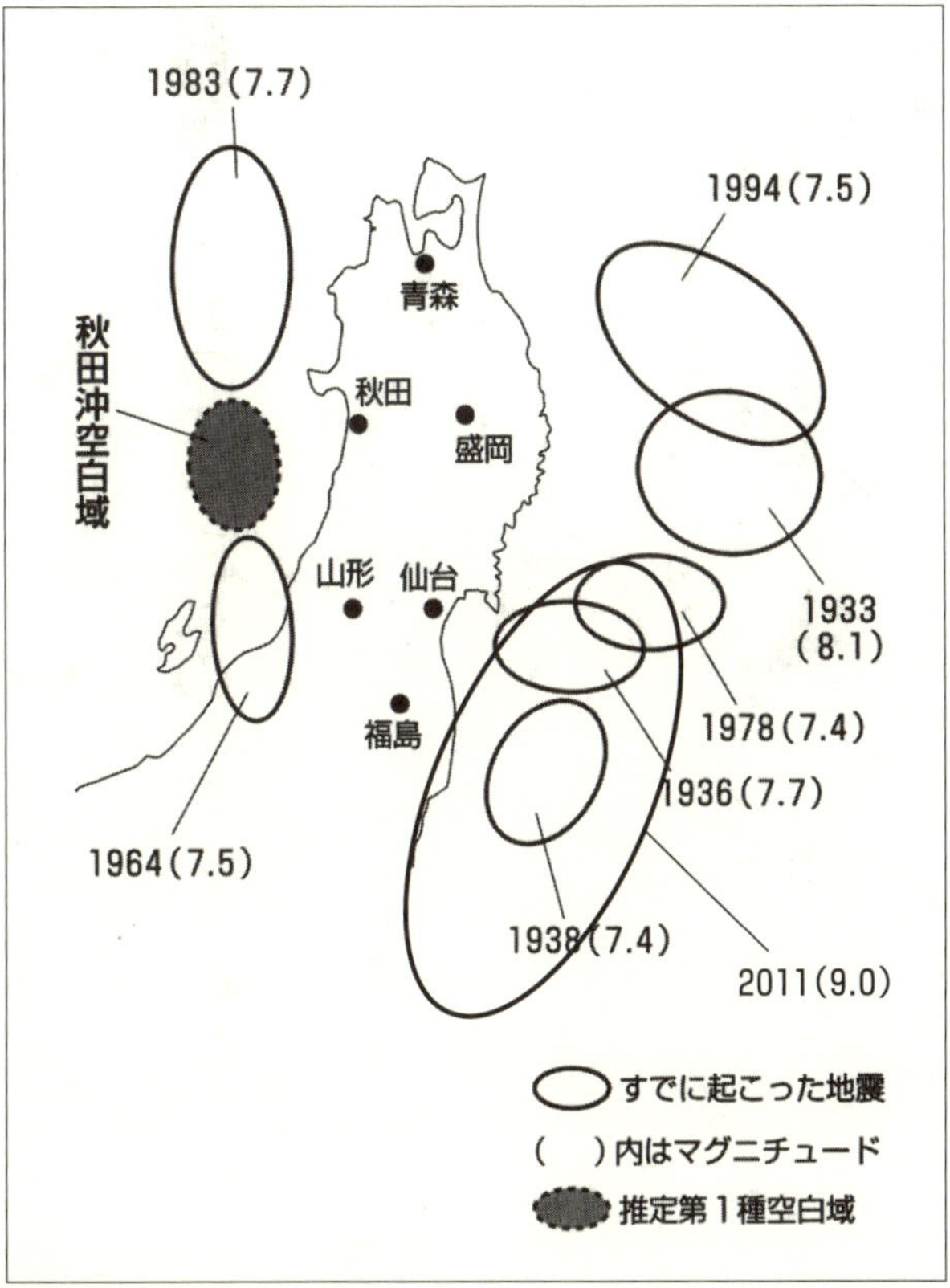


図18 〈東北〉注意すべき空白域

## 関東……懸念されていた空白域の動向

大地震がつねに懸念される関東だが、この関東には、これまで銚子沖空白域、房総南方沖空白域を含め、五つの危険な空白域があった。しかし、先の東日本大地震発生で解消された可能性がある。

ただし、前述した通り、「小笠原諸島沖」には大きな地震の危険性があるので注意が必要だ。

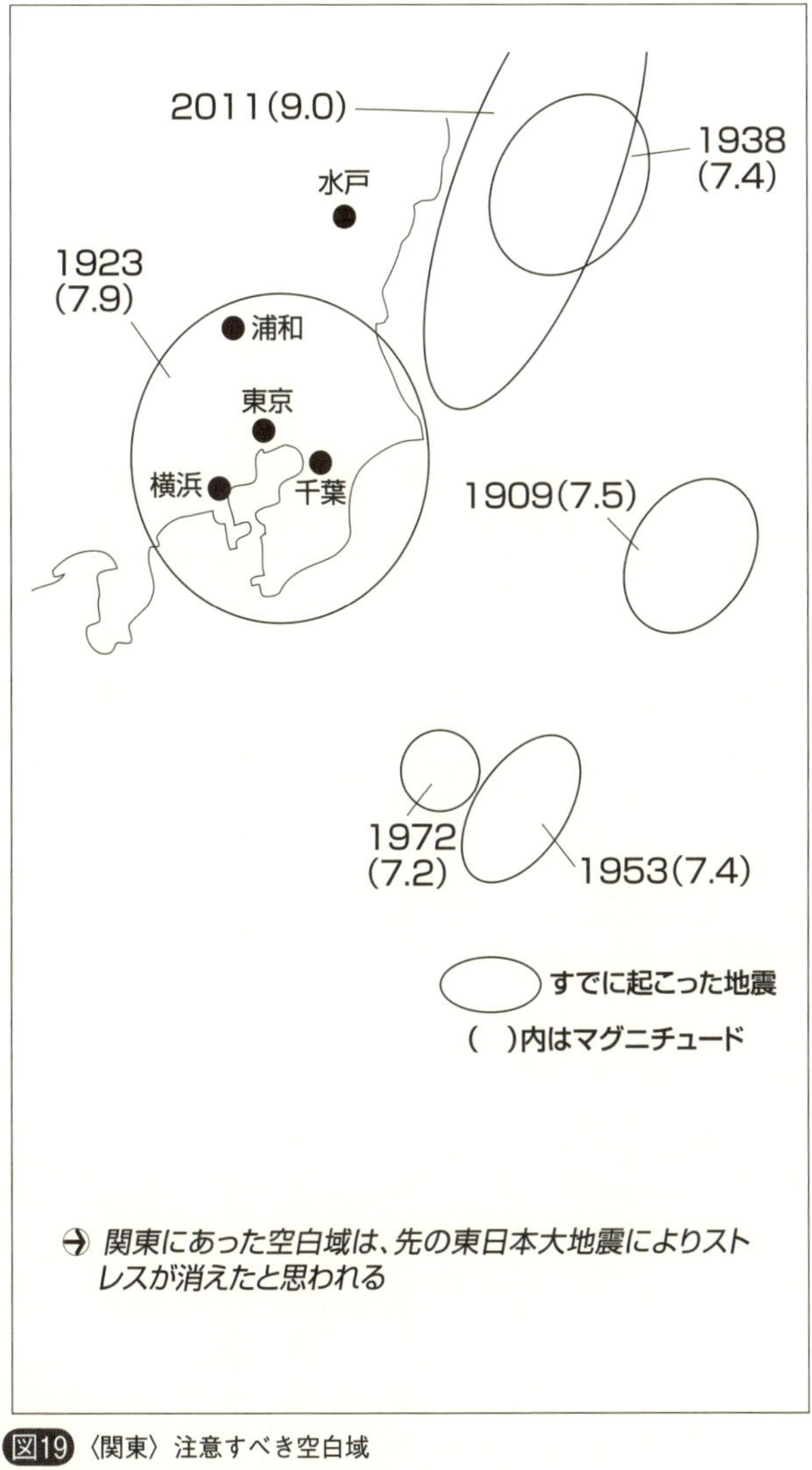


図19 〈関東〉注意すべき空白域

## 中部……富士山噴火の前触れの地震が起きている

東海地震が、すぐに来る可能性が低いことはすでに指摘したとおりだ。

それでも、東海地方に住んでいる人は、このところの微小地震が気になるかもしれない。二〇一一年三月一一日の東日本大地震以後、遠州灘・相模湾での微小地震が頻発している。また、八月にはいると、山梨・長野付近の地震活動が活発化している。私は、これらは大地震の前触れではなく、むしろ富士山と関係があると判断している。

いま、富士山周辺にストレスがかかっているため、富士山が隆起して、富士山周辺の地下には亀裂ができていると思われるのだ。

前出した遠州灘・相模湾の微小地震や山梨・長野付近の地震はこれと関係しているいろいろなタイプの地震と思われる。

これらの地震は、富士山を取り巻く円周の一部で起きている。

中部地方で警戒を要したいのは、64ページでも述べたとおり、能登半島である。

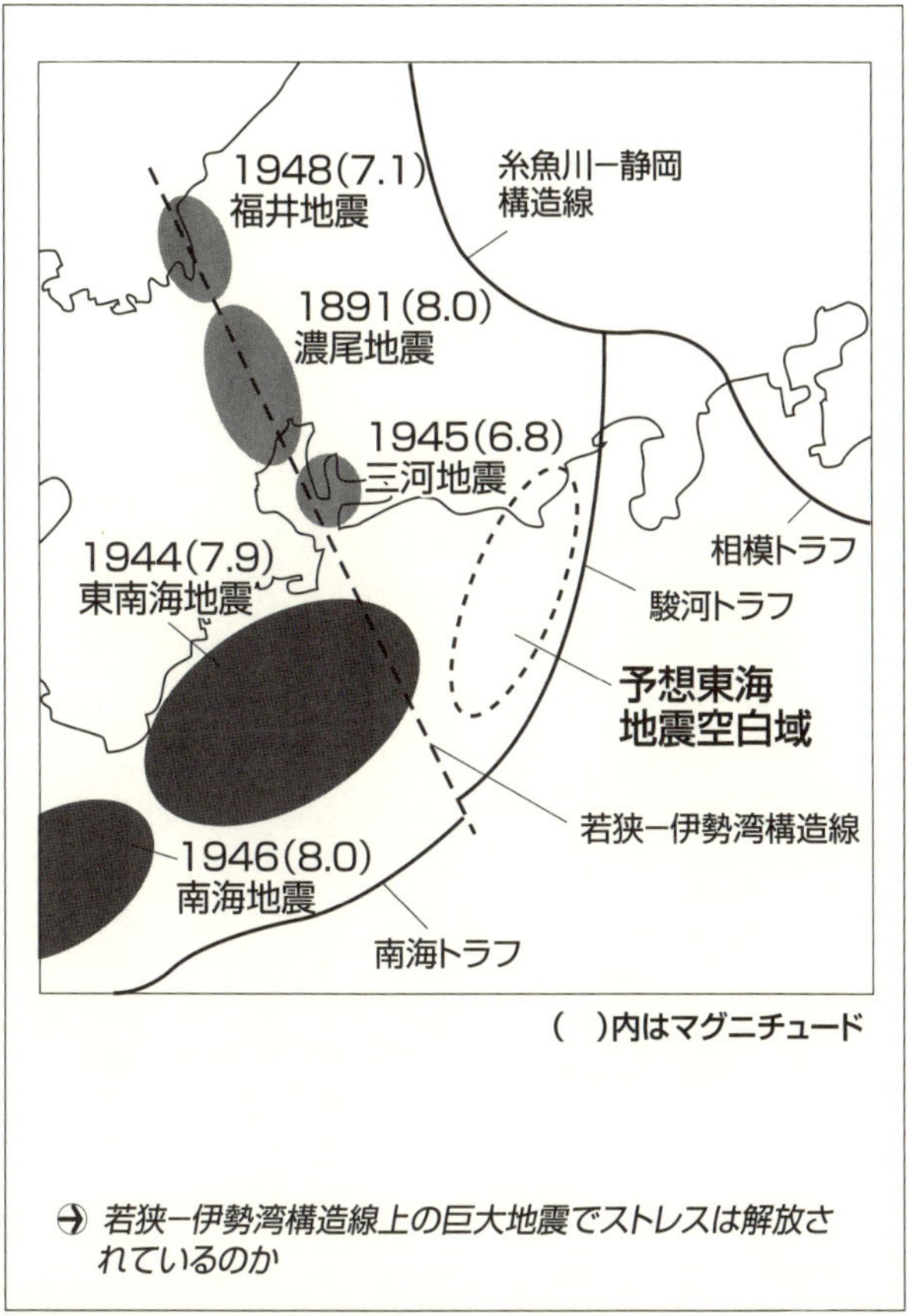

➔ 若狭ー伊勢湾構造線上の巨大地震でストレスは解放されているのか

図20 東海周辺で発生した大地震

## 近畿……ストレスは解消されたが中規模地震には注意

一九九五年に阪神大震災に見舞われた近畿地方は、この地震によってストレスから解放されたとみていいだろう。当分、大きな地震の心配はなく、注意するとしたら、中規模の地震だろう。

とにかく、この阪神大震災は一つの教訓であった。これまで「関西では地震はない」とまことしやかに語られてきたものがウソであったことだ。関西でも地震は起きるのだ。

二〇世紀に入ってからでも、一九二七年に北丹後でマグニチュード7・3、一九四六年に紀伊半島の南でマグニチュード8・0の地震が起きている。一九五二年には吉野でも地震が起きていて、近畿はけっして地震とは無縁の地ではないのだ。

そのことだけは、よく記憶しておく必要がある。

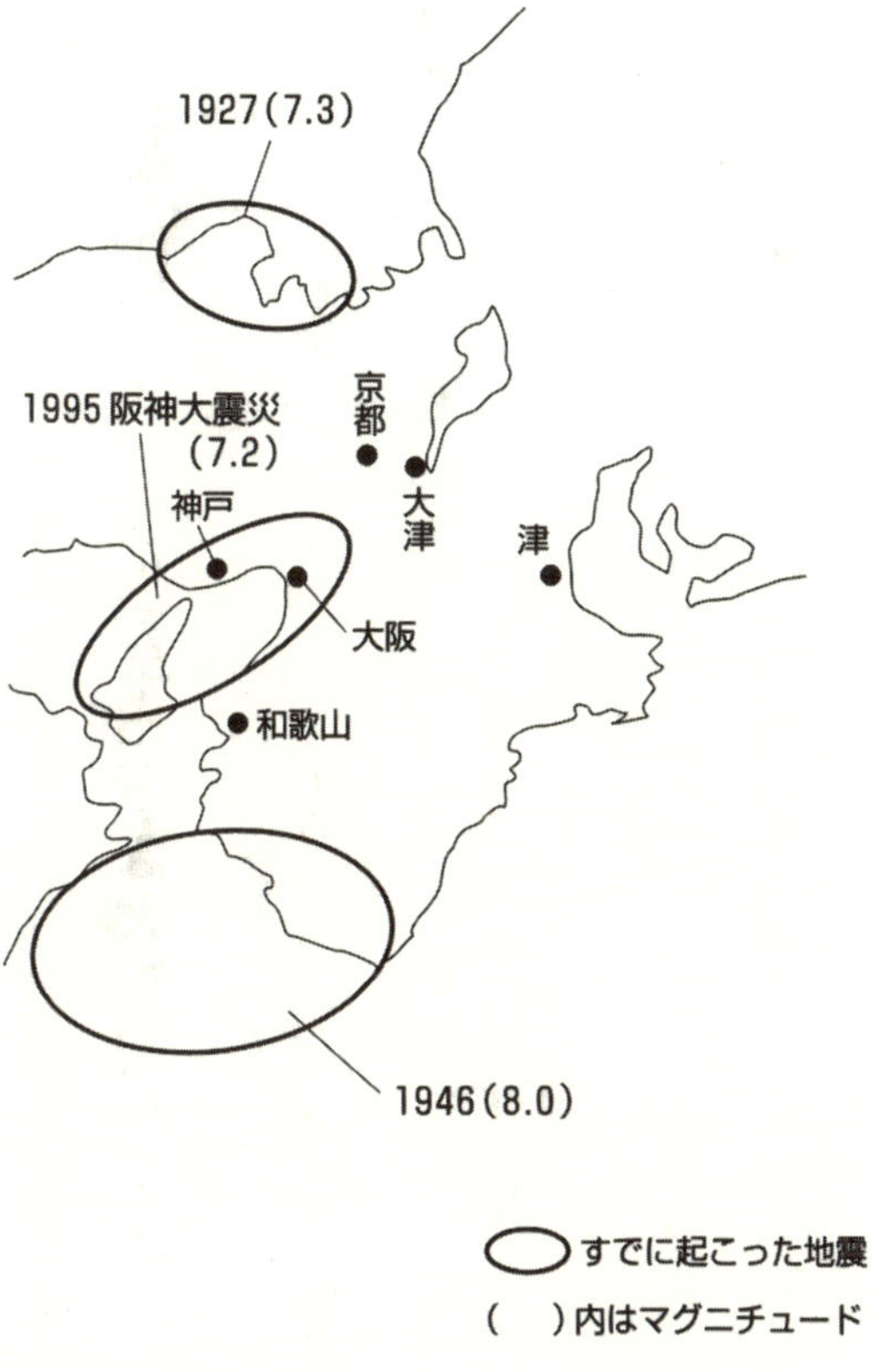


➔ 阪神大震災でこの地域のストレスは抜けた。ただし、余震、中規模地震への配慮は引き続き必要だ。

図21 〈近畿〉注意すべき空白域

## 山陰・山陽……島根空白域のストレスは完全に抜けたのか？

山陰では一八七二年にマグニチュード7・1、一九二七年にマグニチュード7・3、一九四三年にマグニチュード7・2の地震が起きている。この地震によって、浜田周辺、鳥取周辺、島根県中部が被害を受けた。

日本海沿岸に沿ってつぎつぎと地震が起きたのだが、そこにポカリと穴が開いたように残った地域がある。その空白域として残っているのが、島根県東部であった。

この島根県東部は一九九一年の雲仙普賢岳の噴火との関連で、注意すべきポイントと考えてきた。

そして、一九九五年と予測していた地震が、二〇〇〇年に鳥取県西部地震として起こった。これにより島根空白域のストレスは抜けたと考えるが、完全に抜けたかどうか、まだ観察は必要だ。

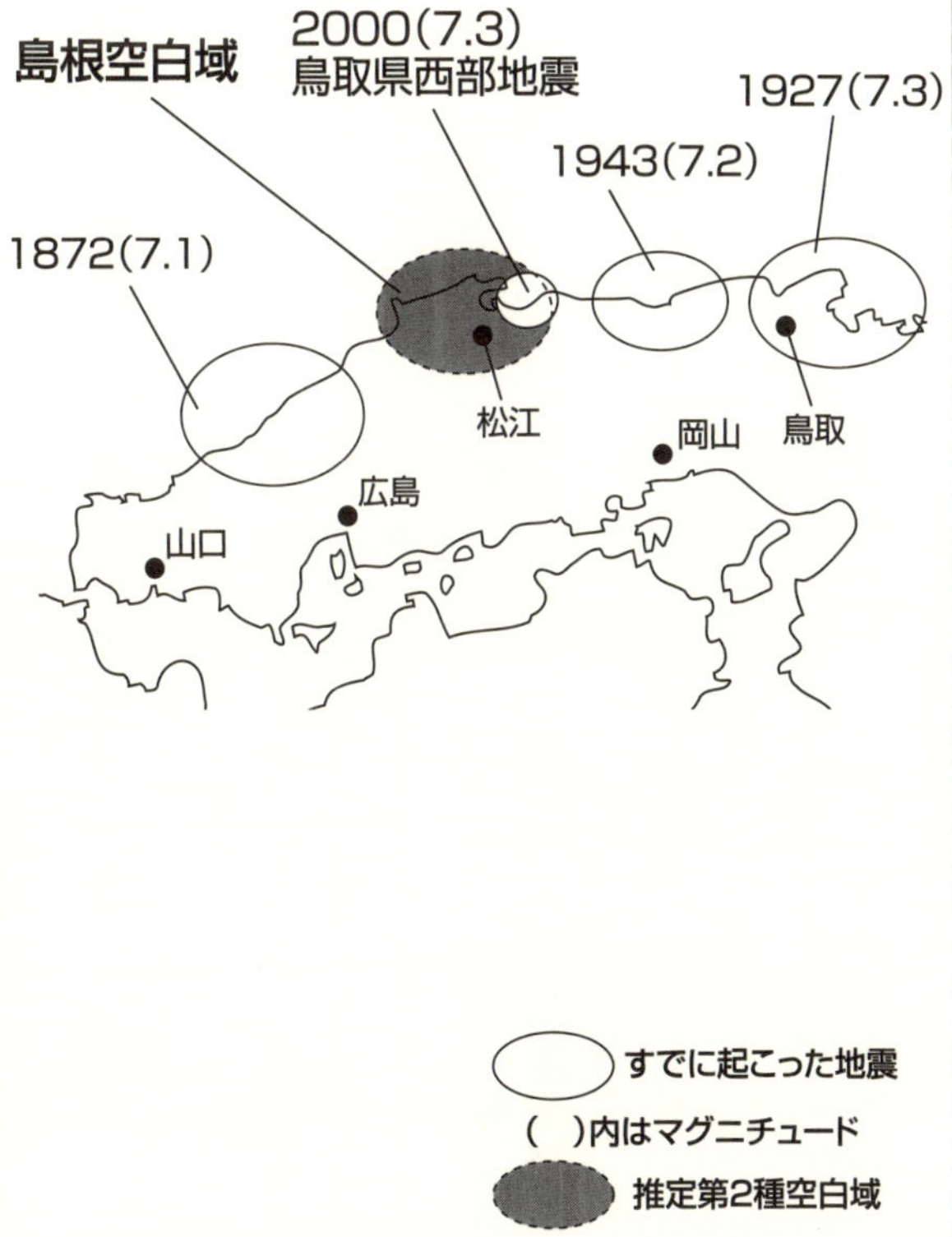


➔ *島根県の日本海側に空白域がみられる。日本列島断層の内側で起こるという点でも要注意。*

図22 〈山陽・山陰〉注意すべき空白域

## 四国……内陸部に十分な警戒を

四国はときどき大きな地震に襲われるが、これは南の太平洋側に南海トラフが控えているためだ。南海トラフが一〇〇年に一回のペースで割れるとき、巨大な地震を引き起こす。四国は、その巨大地震によって大きな被害を受けることになる。

実際、一八五四年にはマグニチュード8・4という巨大地震が起きて、数千人が犠牲になってしまった。このときには、一六・一メートルもの津波も記録されている。

二〇世紀に入ってからも、マグニチュード8・0の南海地震が起きている。これまた一〇〇〇人を超える死者を出し、一九八四年にはマグニチュード7・1の地震も起きている。

このように南海トラフが割れる巨大地震もおそろしいのだが、いまのところ懸念される空白域は浮かび上がってきていない。それよりもいま、神経をとがらせる必要があるのは内陸部である。

四国の内陸、吉野川沿いには中央構造線が走っているが、これは日本列島断層の一部でもある。すでに日本列島断層の上で、雲仙普賢岳が噴火し、阪神大震災が起きていることを考えれば、気をつける必要がある。

たしかに、この四国の中央構造線は、第二種空白域の兆候もなく、過去の歴史時代には動いた形跡がない。中央構造線の上は動かないともいわれてきたが、そうとも断言はできないだろう。

一〇〇年どころか一〇〇〇年に一度動く断層も珍しくないのだから、四国内陸部でも警戒は必要だろう。

二〇〇一年、瀬戸内地域でマグニチュード6・7の芸予地震が発生。これにより、次ページ図23に示される別府湾沖空白域のストレスがとれた可能性もある。

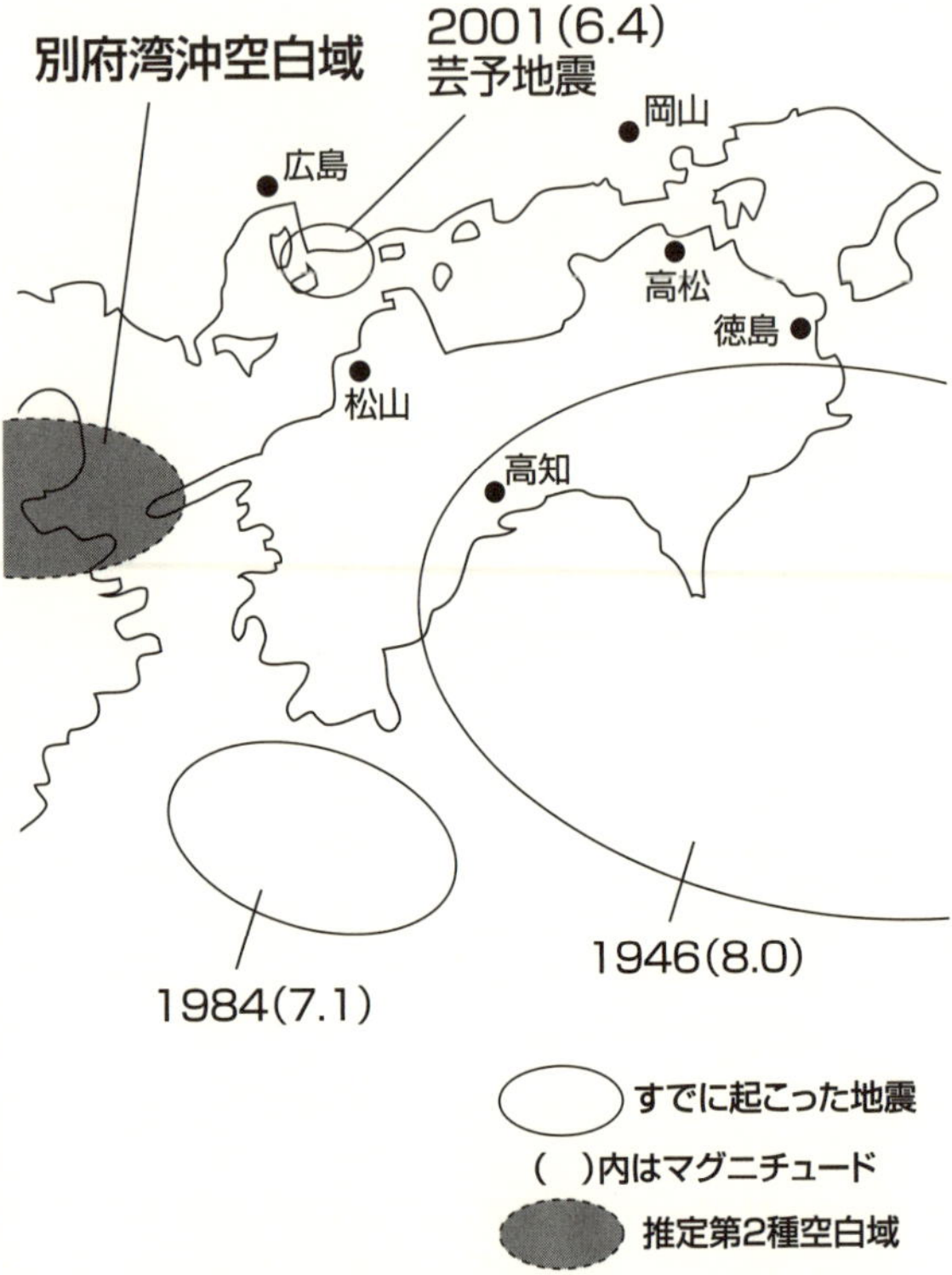


➔ *太平洋側は大地震、巨大地震の巣とも言える地域だが現在のところ心配される空白域ははっきりしない。むしろ、内陸部の日本列島断層沿いにやや懸念が。別府湾沖空白域については九州の項参照。*

図23 〈四国〉 注意すべき空白域

## 九州……八代――川内の地震の目は消滅したが

九州では内陸以外にも、いくつか注意すべきエリアがある。その一つが、61ページでも述べた日向灘南部である。日向灘には、不気味な空白域が残っているとも考えられるのだ。しばらくは注意したほうがいいだろう。

また、もう一つ気になるのが別府湾沖空白域である。別府湾は、日本列島断層が通る場所であるだけでなく、雲仙普賢岳にも近い。

雲仙普賢岳の噴火は一九九五年の阪神大震災を予告していたが、いま、雲仙普賢岳との関連で地震が起こるとすれば、阪神よりも近い場所である。

ただ、二〇〇一年にすぐ東方で芸予地震が発生したため、別府湾沖の危機は去りつつあるかもしれない。一時、別府湾周辺で頻発していた地震も起こらなくなったのも、この裏づけの一つかもしれない。

また、中規模な地震が起こるかもしれないエリアとして注意していたのが、九州西岸空白域である。熊本県中部から鹿児島県北東部にかけてである。ちょうど八代から川内に至るラインで、ここには警戒すべき活断層が走っているのだ。

この八代―川内の活断層は、中央構造線の古い部分の延長である。中央構造線の新しく活動的な延長は沖縄トラフへとつながるのだが、この沖縄トラフと平行して、八代―川内の活断層が走っているのである。

沖縄トラフ、中央構造線を含む日本列島断層が活発化してくると、八代―川内の活断層も刺激を受ける可能性は捨てきれなかった。そのため拙著『これから注意すべき地震・噴火』では警告していたが、その後のデータを入れて再検討した結果、ここに「地震の目」はないと判断するに至った。

中央構造線付近の地震としては、二〇一一年一〇月五日の熊本地震がある。マグニチュードは4・4だったが、最大震度は5強を記録した。これは、あっても不思議ではなかった地震である。その一方、規模はマグニチュード4・4と小さい。その規模からすれば、巨大地震を心配する必要はないだろう。

九州西岸は、空白域と名づけたものの、歴史上にも地震の起こっていない場所である。その意味で厳密には空白域ではない。「活動域」と呼んだほうがよさそうだが、歴史上地震が

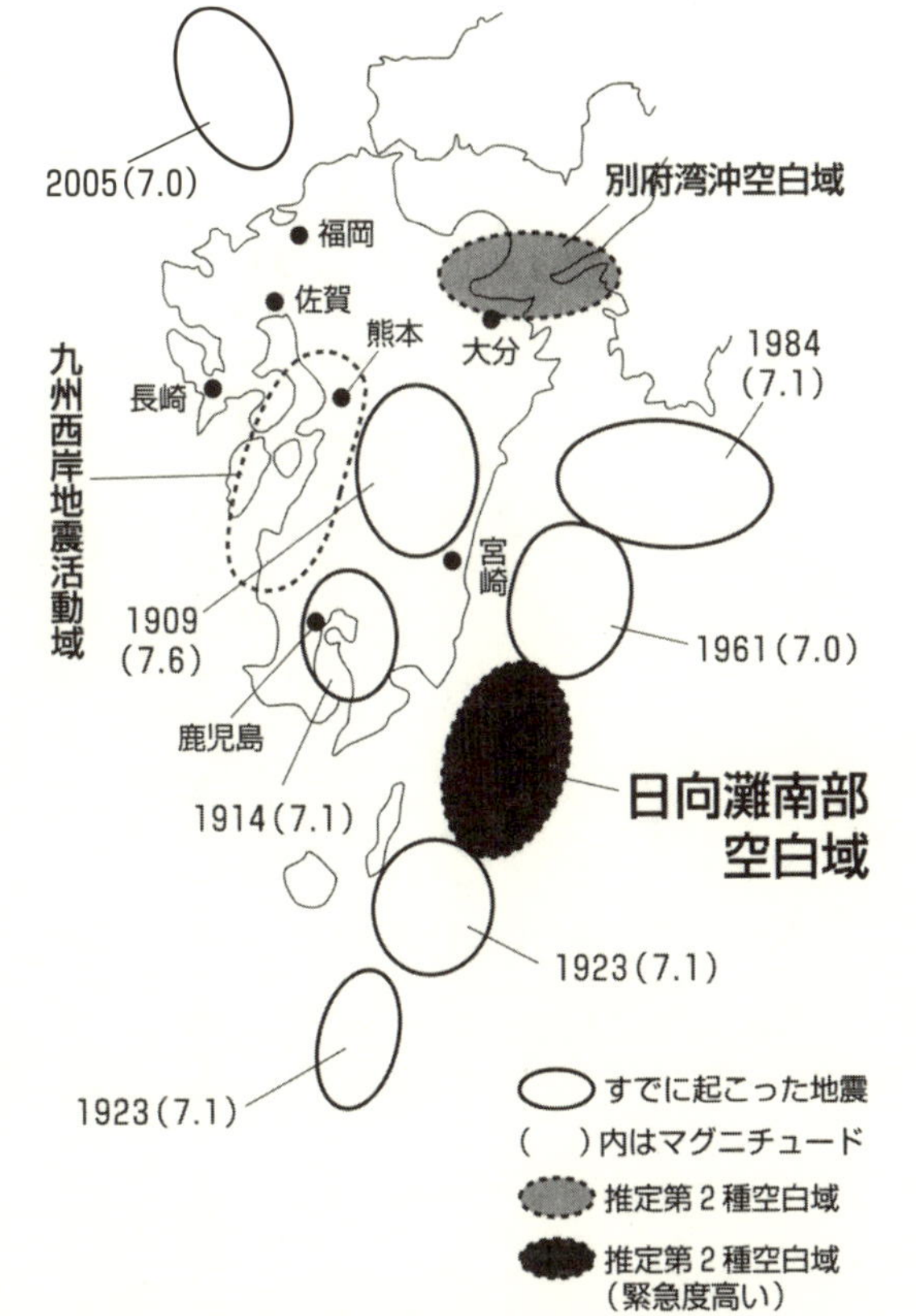


➔ *阪神大震災と同じ日本列島断層上の別府湾沖と日向灘南部は、引き続き監視が必要。また、歴史地震がない九州西岸も、中規模地震に注意が必要だ。*

図24 〈九州〉注意すべき空白域

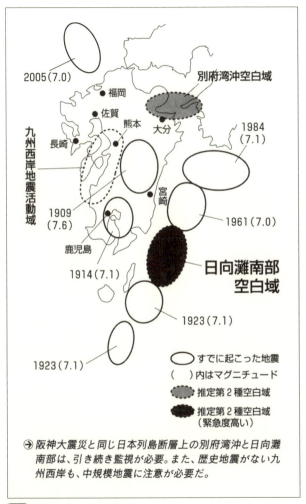

ないからといって、安心はできなかったのだ。

また、九州では二〇〇五年にマグニチュード7・0の福岡西方沖地震が起きている。これは、雲仙普賢岳の噴火と関係の深い地震である。

このあたりは地震がないといわれつづけ、数十年ぶりの地震と言われたが、数十年というスパンは地震活動の中ではちょっとした休息期間でしかないのだ。

もう一つ、佐賀県唐津沖に活断層を見出した。活断層は玄海原発に近いが、活断層があればそれがすぐに動くというものではない。

活断層の中でも、ストレスが取れたものなら、もう動かないものもある。今後の調査は必要であろう。

## 南西諸島……津波には警戒を

日本でもっとも地震が少ないと思われているエリアである南西諸島だが、それでも大地震は一〇〇年に一度起こる。

4章で述べた以外にも空白域があり、その一つが奄美地域である。奄美では一九〇一年にマグニチュード7・5、一九一一年にマグニチュード8・0の大地震が起きた。

一九〇一年は小被害ですんだものの、一九一一年には死者一二人が出た。家屋全壊は四〇〇戸以上にのぼった。しかし、それ以来、大きな地震は起こっていない。気になるエリアの一つである。

また、南西諸島の場合、大地震でおそろしいのは津波である。一七七一年の八重山地震津波、明和の大津波では一万人以上の犠牲者が出ているのだが、この大津波を起こすものとして、最近注目を集めているものとして、ガスハイドレートがある。

ガスハイドレートとは、メタンガスがシャーベット状に固まったものであり、これはふつうなら海底下に眠っている。ただ眠っているだけならさして問題はなく、問題は地震が起きたときだ。どうやらこのガスハイドレートは、下にプレートが潜り込んでいる海底斜面に発達していることが多いのだ。

そんなプレート境界のようなところで地震が起きたらどうなるか。斜面に亀裂が入るようなことになれば、ガスハイドレート層の上部が大崩壊する。そのうえ、シャーベット状の固体であったものがガス化して、メタンガスとなって噴き出すのである。

それがひとたび起こるなら、爆発的なものである。シャーベット状のガスハイドレートの影響はじつに大きく、これが崩壊するということは地形が変化するほどである。

いわば大規模な海底地滑りのような状況を引き起こすわけで、その崩壊のパワーが、大津波となっていくと考えられるのだ。

たしかに、海洋で起こった地震の場合、大津波を引き起こすものもあれば、さして津波を起こさないものもある。この両者の差は、ガスハイドレート層によって海底が崩壊したかどうかの差とも考えられるのである。

たとえば、明和の大津波にしても、ガスハイドレート層による崩壊のために、高さが八五メートルにも及ぶ津波となったと思われるふしがあるのだ。あるいは、パプア・ニューギニアを襲った大津波についても、ガスハイドレートと関連づける学者もいる。

もちろん、津波の原因をすべて海底でのガスハイドレート層崩壊と結びつけるわけにはいかないだろう。従来いわれている「リバウンド説」によって、起こる津波もある。

ただ、津波の解明にはまだ余地が残されているのだ。地震のほうをなんとかつかまえることはできても、津波となると、これはまたなかなかわからない。

そんななかにあって、ガスハイドレートの研究もさかんになってきている。これは将来の資源として注目されるからだ。実際、南西諸島の海底では炭酸塩質のチムニーがみつかったりしている。

チムニーというのは煙突状のもので、そこからガスを海水の中に噴き出しているのである。このチムニーが、ガスハイドレートの存在を裏づけるのである。

チムニーはこれまで熱いお湯を出す熱水域では知られていたのだが、南西諸島では海溝斜面のような冷えたところでみつかったのである。海洋科学技術センターの有人・無人の潜水船による調査の結果、日本でははじめて確認されたのだ。

こうした冷たい場所でのチムニーは、すでにアメリカでは知られていた。大陸棚の比較的浅いところにあるのだが、日本でみつかったチムニーは水深七〇〇メートルのあたりである。

こんな深さでチムニーが形成され、立ったままの状態で見つかったのは、世界でもはじめてである。

また、沖縄の海底では、珍しい生物が見つかっている。この生物はふつう、熱水域でしか見られないものなのだが、どうやらメタンガスを食べて生きているバクテリアを食べているらしい。この生物もまた、ガスハイドレートの存在を裏づけるものだろう。

十数年前、フランスの調査船が与那国沖で変色域を発見している。また、もう三〇年くらい前になるが、南西航空のパイロットが、同海域から水柱が三本上がるのを空から目撃している。これは、ガスハイドレート層の崩壊による水柱なのかもしれない。

今後の地震研究にあたっては、地震計測もさることながら、海底の地形地質を調べたり、地下の構造を探査することが必要なのである。

そして「あそこが崩れたなら、津波が来る」といった予知体制ができるようにしたいものだ。

# エピローグ
# 新たな地震予知へ、我々が考えていくべきこと

## 予知を的確にするために

先の東日本大震災は、日本の地震予知を大きく揺るがすものだった。多くの学者が「想定外」であったと言い、そのため日本の地震予知に対して幻滅を抱いた人も少なくない。

だからといって、予知を放棄したのでは、これからはじまる巨大地震の時代、ただ怯えるだけで、何の対策も打てない。

私たちが地震に対して立ち向かっていこうと思うなら、予知のレベルを上げるしかないのだ。現実にも、予知できる時代はきていると思う。東日本大震災に対してもそうであるが、さまざまな手法で予知してきている学者はいるのだ。

問題は、予知研究のあり方ではないのだろうか。国は地震予知について何らかの固定観念を持ってしまい、予知に人と金をうまく使えていないのではなかろうか。

東日本大震災は日本の地震予知の一大転機になるだろうが、そのまえの一大転機となったのは一九九五年の阪神大震災であった。阪神大震災もまた、地震学者は予知できなかったのである。震災のあと、しばらくは地震学者が自信を失ったままという時代が続いた。マスコミの地震学者への批判もあり、やがて地震学者にも反省の気運が生まれてきた。

そして政府の地震調査委員会もできて、体制は整備されてきたが、内容はどうか。それによって予知が進むのかというと、どうであろうか。つぎの地震は、いつ、どこで起こるかなどという議論がまともに行われていることを願っている。

では、予知はどこがしてくれるのか。一九六九年に設立された予知連（地震予知連絡会）はあるにはあるものの、そこで予知をしてくれるというわけではないそうだ。予知情報に関する連絡会であるとしている。

一方、阪神大震災によって地震に関する予算が増えたのは事実である。この予算も国民は地震を「予知」してもらいたいから出すのである。

しかし現実には、直前予知に役立つだろうと予想される計測にのみ力が入っていて、ほかの研究助成にまで手がまわらないようにみえる。

たしかに、直前予知の研究は重要である。けれども、二〜三日前になっていきなり大地震が来るといわれても、一般市民はどう行動していいものやら、わからないだろう。直前予知だけでは不足ではないだろうか。

さらにはアメリカほかの学者が指摘し、日本の学者の多くが気づいているように、直前予知が完成される段階にはまだ遠い状態だ。結局は基礎研究が大事なのである。そして、その基礎研究をもとに予知にもっと力を注ぐべきではなかろうか。

そんな状況に少しではあるものの、風穴が開きつつあるのもたしかだろう。阪神大震災の前後あたりから、アメリカの地震学者は予知を不可能と見切り、地震が起こってからのフォローに切り換えた。地震が起こったことをいち早く伝えるため、地震を察知するシステム化こそ地震学者の役割と考えたのである。

カリフォルニア工科大学などでは、こうした地震の研究がさかんで、日本からも学者が訪れたりしたものだ。

その予知をいったんはあきらめたアメリカでも、また風向きが変わりつつある。アメリカでも、予知をやるべきだという風潮が一部にみられるようになってきているのだ。

また日本の場合、予知に関して一本化されていない問題もある。もっとも古くからある予知連は、国土地理院の私的諮問機関なのだが、必ずしも指導力がよく発揮されているようにはみえなかった。そこで一九九五年から、予知連に相当する、国の「地震調査委員会」が生まれた。大いに期待したい。

そして、世界初の地震に備えた法律（大規模地震対策特別措置法）、いわゆる「大震法」

に基づいて、国は一九七九年八月七日に「地震防災強化地域」を指定した。山梨・静岡など六県でマグニチュード8クラスといわれる東海大地震を想定したものであった。

## 自己責任の時代、市民には知る権利がある

予知が必要なのは、現実に地震がつぎつぎと起こっているからである。たとえ細かなことでも完璧な予知でなくとも、どのへんがいま、危ないのか、どうなっているのかを市民は知りたい。そして、知る権利があるのだ。知らないことには、自分の身一つすら守れないのだ。けれども、現状は「どこに空白域がある」とか「つぎはどこが危ない」とはいうべきでないという風潮だ。もっと慎重に情報を公開すべきだという流れになっているのだ。

この傾向は、阪神大震災のあとに、より顕著になってきたようだ。阪神大震災以前は、大地震の空白域は比較的公表されていたのだが、以後、ほとんど出されなくなっているようにみえる。

〝自己責任〟の時代だからこそ、市民は地震についてよりくわしいことを知り、頭の中を整理していく必要がある。あるいは建造物の耐震設計の大幅見直しなど、防災行政の見直しを早急にしなければならない地域も出てくるだろう。

阪神大震災でも日本のビルの脆《もろ》さが露呈され、東日本大震災でも液状化などの問題も多数報告された。地震の要注意地域はこうした見直しを早くする必要があるだろう。

そのためには情報が出ないことには、どうしようもないのだ。

## 「東海地震」の持つ問題点

このように予知に対して、ことさら神経質になっている地震学会で、唯一例外的な存在が前出の「東海地震」である。これは、予知できる地震として公認されたもので、地震そのものが起こる以前に地震の固有名詞がついている珍しい例である。

しかし、国の指定を受けて三二年、この東海地震は「明日にも来る」といわれ続けながらも、いまだに起こらない。それればかりでなく、このかん阪神・淡路大震災をはじめ大被害を出した地震のすべてが他の地域で起きてきた。これはどうしたことだろう。

本来なら、本当にその予知は正しいのか見直しが必要ではないか。これに対して関係学者のコメントもないようだ。

すでに予算が下りているものに対して、何もわざわざ言うことはないだろうという趣旨なのだろうが、これが市民を惑わすことにもなるのではないか。

一九八〇年代から今日に至るまで、北海道、東北で大きな地震がつぎつぎと起こり、九五年以降は、西日本で大地震が惨禍《さんか》をもたらした。

そして、二〇一一年の東日本大震災である。「東海地震が来るぞ」と言われ続けているうちに、日本列島のあちこちに加え、台湾でも死者を数多く出してしまった。

日本の人々はもちろん、台湾の人々もこれにはだまされた感がぬぐえないのではないか。「東海地震」が唯一強く学者の間で言われているかぎり、市民は危ないのは東海だけだと思ってしまう。

さしあたっては東海地震がやって来て、そのほかは大丈夫だと思い込んでしまいたい心理になってくる。そうして油断している間に、日本列島はつぎつぎと地震に襲われることになったのである。

そうはいっても、東海地震を研究すること自体は重要で、予知に専念している学者に対しては尊敬の念を払いたい。地震の専門家は、東海地方だけが危険だとは決して言っていないし、そうは理解していないだろう。

行政側で東海地方が危ないと決めたから、それに基づいて警告を発しているのだろうが、そのおかげで、ほかの危ないところは行政的に情報として発信されなかったのである。これでは、国民は大地震に備え、生き残るのにハンディを背負うようなものだ。

遅ればせながらも指定地を含め、新たにつぎに危険な空白域がどこかをはっきり示すことが必要なのではないか。

## 全国的なネットワークの構築を

東海地震にひきずられているうちに、富士山をはじめとする火山噴火という天災に目がそれている。

また、現在の地震研究施設は、東京に一極集中している観がある。予算にしても、どうしても東京一極集中になりがちだ。

この一極集中では、うまくいかないだろう。東京に住んでいる研究者は、どうしても東京周辺を熱心に研究することになり、ほかの地域のことはあまり知らない。これでは、日本列島の下で動いている大きな変動を読みようがないのではないか。

では地方の学者はどうか、その土地にこだわるかというと、そうでもない。それでは重要な論文を書くことができないとなると、必然的に中央の動きに目を向けるようになる。

インターネットをはじめとしたネットワークが発達した時代に、各地域での研究をリンクさせていけば、地震研究もさらに進むし、予知にも役立つ。

これと同時に、地域に密着した態勢の整備が必要である。各地方の大学なり研究機関の設備を充実させていくことで、わからなかった地震の空白域がわかったり、空白域をさらに特定させていくことができるのだ。

## 周期説や地殻変動の地域的な進行論には限界がある

これから起きる地震を読んでいくときに、よく参考にされるのが周期説である。あるいは、地殻変動の進行論だ。しかし、これらの手法では限界があることも知っておくべきだ。

周期説とは、「関東では六九年に一度地震が起こる」といった河角先生のものが代表的なものであったが、たしかに的はずれともいえない。

すでに2章で述べたように、日本列島の各地はそれぞれが独特の周期で地震に見舞われる。けれども、この周期説だけでは、より具体的なものを読むことができないのである。たんに「○年ころ来るかもしれない」で、具体的にどの地域に何年に来るだろうと迫っていくことはむずかしい。

また地殻変動の進行論というのは、要は群発地震の回数などを数えていき、それが増えていけば、やがて大地震となるという類《たぐい》のものだ。

地震の回数から地殻のひずみを予測し、これが蓄積すれば割れるという考えだが、現実にはなかなか当てはまらないことが多い。

これは「計測」がいけないというのではない。地震も地殻変動もけっして正比例的に増大していくわけでもなく、山あり谷ありで、動いたり休んだりしながら、ひずみを蓄積していくことと歩調をあわせる必要があるということだ。地殻の動きが活動的なためデータはたまっても、先のことがわかりようもなくなる。

ここであらたに思うのだが、地震のことを知りたいのだから、地震予知には地震のことだけを計算していればこと足りるとした、これまでの考えはいかがなものかと思う。

地震のことを知り、将来に起きる時間までも知りたかったら、地震とＧＰＳの計測だけでなく、ほかの現象も考慮に入れる必要があるだろう。

それにはたとえば地震と火山を関連づけてみることが必要なのだ。どこでも、火山活動と大地震とを別に単独でみているが、これではもったいない。

地震と火山噴火をユニットとしてとらえることで、予知は〝正確〟に近づいていくのである。

## 地震研究にも規制緩和を

いま、時代は規制緩和に向かっているといわれるが、これは地震研究においても取り組まれるべきことではないか。いまの日本の地震研究は、何かと制約があり、日の目をみないものも少なくない。

「予知」とか「地震と火山の関連」の研究もそうだ。大学の研究者は国から下りる科学研究費が唯一のたよりだ。しかし現状では、予知については、個人で申し込んでも下りないシステムになっていると聞いている。あるいは火山と地震の関連研究についても同様のようだ。

そこで、地震に関する研究をもっと規制緩和する必要が出てくるのだ。

こうした地震研究については、なかなか民間ベースに乗りにくい。ひところ民間で「ナマズの会」とか「地震の会」といった研究会が立ち上げられたのだが、うまくいかなかった例を多く聞く。やはりボランティアだけではうまくいかないのである。

また企業ベースにも乗りにくい。阪神大震災の直後は、防災グッズなどがけっこう売れて、私なども依頼を受けてアメリカの防災施設を見学に行ったものだ。

ところが、日本人の特質なのかどうかわからないが、こうしたことは長続きしにくい。ビジネスとして成立しにくいこともあって、結局はしぼんでいくのである。

そんなわけで、国が規制をゆるめて地震、火山研究のすそ野を広げてくれないことには、日本の地震研究は進まないのではないか。

## 「地震・火山活動資料サービスセンター」の必要性

国がはじめる必要があるのは、地震研究の規制緩和だけではない。「地震・火山活動資料サービスセンター」のようなものをつくることも、国に求められる。

最近、各省庁内に地震活動調査室のようなものが多くつくられているようだが、それともちがう。

これでは、ことをますます複雑にするだけだ。私が必要だと思っているのは、いろいろな地震・噴火活動に関する情報をくみあげて、これを一般市民に還元する〝サービス〟システムだ。

実際のところアマチュアも含めて、日本全国には数多くの地震や火山の研究者がいて、それぞれに研究に取り組んでいる。問題は、その研究の中で、自分なりの新説が出たときや、あるいは新しい事実に気づいたときだ。

彼らは公の場で「いま、○○市周辺が危ない」とか「この地域は空白域ではない」などと発表する機会がほとんど与えられていない。あるいは忙しくて、その時間がないといった場合も多いことだろう。

これは、じつにもったいない話であり、彼らの研究成果を吸い上げる必要がある。それを行うのが、地震・火山活動資料サービスセンターなのである。

あるいは、彼らが新聞や週刊誌などに寄せているコメントにもこまかく目を通して、重要だと思ったら、とり上げていく。その資料や論文を提出してもらったり、あるいは聞きとりをすればいいのである。こうしたキメのこまかい作業が求められているのだ。

いまの国のやり方では、中央に集まった学説しか注目されないだろう。

一方、こまめに研究者や民間からデータを拾い上げていくなら、異常現象のデータなども蓄積できるはずだ。住民の協力なくしては、予知も実効をともなわないだろう。こうして地震・噴火予知をよりたしかなものにしていく必要があるのではないだろうか。

※本書の内容は、2014年12月1日現在の情報、データに基づいて書かれています。

※本書の地震解析には、東京大学地震研究所のSeis View、気象研究所のSeis PC等を使用させていただき、データは主として気象庁のものを使わせていただきました。

※本書は2012年に小社から発刊した『緊急警告　いま注意すべき大地震』を、最新の情報にもとづき、大幅に加筆・再構成し、改題したものです。

青春新書
PLAYBOOKS

人生を自由自在に活動《プレイ》する

# 人生の活動源として

いま要求される新しい気運は、最も現実的な生々しい時代に吐息する大衆の活力と活動源である。

文明はすべてを合理化し、自主的精神はますます衰退に瀕し、自由は奪われようとしている今日、プレイブックスに課せられた役割と必要は広く新鮮な願いとなろう。

いわゆる知識人にもとめる書物は数多く窺うまでもない。

本刊行は、在来の観念類型を打破し、謂わば現代生活の機能に即する潤滑油として、逞しい生命を吹込もうとするものである。

われわれの現状は、埃りと騒音に紛れ、雑踏に苛まれ、あくせく追われる仕事に、日々の不安は健全な精神生活を妨げる圧迫感となり、まさに現実はストレス症状を呈している。

プレイブックスは、それらすべてのうっ積を吹きとばし、自由闊達な活動力を培養し、勇気と自信を生みだす最も楽しいシリーズたらんことを、われわれは鋭意貫かんとするものである。

—創始者のことば— 小澤和一

著者紹介

木村政昭〈きむら まさあき〉

1940年横浜市生まれ。東京大学理学系大学院博士課程修了(海洋地質学専攻、理学博士)。通商産業省(現・経済産業省)工業技術院地質調査所、米コロンビア大学ラモント・ドハティ地球科学研究所(総理府派遣)、琉球大学教授を経て、現在、同大学名誉教授。NPO法人海底遺跡研究会理事長。1995年の阪神・淡路大震災、2004年の新潟県中越地震、2011年の東日本大震災、2014年の御嶽山噴火を事前予測した独自の理論は注目を集めている。1982年度朝日学術奨励賞、1986年度沖縄研究奨励賞を受賞。

緊急警告《きんきゅうけいこく》 次《つぎ》に来《く》る噴火《ふんか》・大地震《だいじしん》 青春新書 PLAYBOOKS

2015年1月1日 第1刷

著者 木《き》村《むら》政《まさ》昭《あき》

発行者 小澤源太郎

責任編集 株式会社プライム涌光

電話 編集部 03(3203)2850

発行所 東京都新宿区若松町12番1号 〒162-0056 株式会社青春出版社

電話 営業部 03(3207)1916 振替番号 00190-7-98602

印刷・図書印刷 製本・フォーネット社

ISBN978-4-413-21030-0

# 青春新書 PLAYBOOKS

人生を自由自在に活動する――プレイブックス

終活なんておやめなさい
ひろさちや
遺言書、葬式、お墓、戒名は一切思案無用！頭のいい人ほどエゴが出る。本当の「ケリのつけ方」とは。
P-1016

やせられないのは「夕方の空腹」が原因だった！
浅野まみこ
〝1日3食〟が太る原因。〝ゆるく5食〟にするライフスタイル別のコツをカリスマ管理栄養士が初公開
P-1017

背が高くなる椎関節ストレッチ
南　雅子
大人になっても9割の人が背はまだ伸びる！12万人を変えた自力整体ストレッチを大公開!!
P-1018

見てすぐできる！「貼り方・はがし方」の早引き便利帳
ホームライフ取材班［編］
もっとキレイに、もっと簡単に、もっと快適に――こんな「上手いやり方」があったのか！
P-1019

**お願い** ページわりの関係からここでは一部の既刊本しか掲載してありません。折り込みの出版案内もご参考にご覧ください。

青春新書 PLAYBOOKS

人生を自由自在に活動する——プレイブックス

最新版 老化は腸で止められた

光岡知足

その不調の原因は「腸内腐敗」！
慢性疲労、肌の衰え、動脈硬化…
腸内細菌研究の世界的権威が
明かす、腸内クリーニング法

P-1020

毎日をていねいに暮らす「使い切り」の便利帳

ホームライフセミナー［編］

ペットボトル・新聞紙・牛乳パック…
が大活躍！
見てすぐできる、賢く豊かな
シンプル生活

P-1021

「酵素」が体の疲れをとる

鶴見隆史

一晩寝ても疲れがとれない原因は
酵素不足の食生活にある！
コリ・痛み・だるさがスッキリ
消える食べ物、食べ方

P-1022

「折れない心」をつくる言葉

植西　聰

大きな目標に挑むとき。不運が
続いたとき。気力がわかないとき。
心に眠っている力の呼び水になる
名言80。

P-1023

青春新書 PLAYBOOKS

人生を自由自在に活動する——プレイブックス

ゴルフ 次のラウンドで確実に100を切る裏技

中井 学

カッコ悪くても常識外れでも、とにかく100を切るためにすべき55の方法を伝授します。目からウロコのメソッドが満載！

P-1024

こんな長寿に誰がした！

ひろさちや

医療地獄、老害……誰も言えなかった「超高齢化社会」の病巣を宗教思想家が明らかにする

P-1025

保存容器でつくる「おハコ」レシピのお弁当

検見﨑聡美

できたてアツアツが食べられる！ポークカレー、ポトフ、回鍋肉、麻婆なす、チキンライス、肉うどん…etc.

P-1026

人生からへこんでる時間が減る習慣

植西 聰

ちょっとしたことでヘコむ、悩む、イライラする、考えても決められない……「頭ではわかってるけど、心では動きたくない」に効くヒント

P-1027